写真・文＝西山一彦 ｜ 監修＝本村浩之

東方出版

はじめに

エメラルドグリーンに輝く珊瑚礁の海の中を覗くと、色彩美あふれる絢爛たる熱帯魚たちが視界一面に広がって乱舞している姿を見ることができる。彩飾豊かな魚たちの中で優占するのは、やや細長い体で、胸鰭のみを使って泳いでいるベラの仲間だ。条鰭綱スズキ目ベラ科に属する魚は全世界の温帯から熱帯域に広く分布し、現在70属509種が知られている。これは魚類の中でハゼ科に次ぐ種数であり、脊椎動物の中でも科という分類単位において第2位の種多様性を誇る。種数のみならず個体数も多いため、西部太平洋における年間の漁獲量は1万～2万トンに達する。

その種多様性の高さと比例して、ベラ科魚類の形態や生態も多様である。全長5cmに満たない種から一般にはナポレオンフィッシュという呼称で有名な全長170cmに達する（229cmという信憑性が薄い記録もある）メガネモチノウオ、体が著しく長細いカマスベラや体高が高く側扁するテンス、吻が管のように細長く突出しているクギベラや折り畳み式の口が捕食時に著しく伸長するギチベラ、動物プランクトンや魚類を捕食する種や他の魚の体表の寄生虫を食べるクリーナーのホンソメワケベラなど枚挙にいとまがない。

生息環境も多様で、珊瑚礁をはじめ、岩礁、砂底、藻場など幅広い環境に種ごとに適応し、さらにいくつかの種では成長段階によって生息環境選択の嗜好性が変化する。ただし、泥底や汽水域には少ないようだ。生息水深もごく浅いタイドプールから沖合の100mまでとその適応範囲は広い。

ベラ科魚類の最大の特徴の一つは、多くの種において性転換することであろう。成長に伴って雌から雄へ性が変化するのである（これを雌性先熟という）。一夫多妻的な配偶システムをもつ種において雌性先熟が進化すると考えられており、ベラ科魚類も多くの種がハレムを形成する。フィールドでベラ科魚類の同定をする際には体色が重要な決め手となるが、多くの種において体色が性転換と連動して劇的に変化するため、本科魚類の同定には相当な知識と経験が必要である。これまでに数多の海水魚図鑑が出版されているが、そのほとんどがベラ科魚類の1種につき1枚の写真が掲載されているに過ぎない。しかもほんの数種が掲載されているだけで、実際の同定にはほとんど役に立たない。そのため、誰でも容易に、そして正確に同定することが可能な各成長段階や雌雄それぞれの色彩パターンが掲載されているベラ科魚類全種の図鑑の出版が求められていた。このような背景の中、企画・編集されたのが本書である。

日本にはおよそ150種（学名と標準和名が両方とも付けられているのは145種）のベラ科魚類が生息している。本書は日本産ベラ科魚類のすべての種の生態写真が掲載されており、その多くは幼魚～成魚、雌雄など可能な限りの写真が1種につき複数枚掲載されている。本書は、絵合わせによる同定が可能な視覚的に美しい図鑑というだけではなく、各写真の下に撮影場所や水深などの情報も記載されているため、学術的にもひじょうに価値が高い。さらに特筆すべきは、本書に掲載されているすべての生態写真が著者の西山さんによって撮影されたものであるということだ。

西山さんは19歳で起業し、現在は従業員／隊員150名を抱え、神戸で自社ビルを構える警備会社の社長である。一代でビジネスを成功させたその情熱と実力を今度はベラに対しても注いでいる。彼のベラに対する並々ならぬ熱意と写真への人一倍のこだわりがプロの水中写真家顔負けの美しい生態写真の撮影を可能にしたのであろう。本書の写真のキャプションをみて頂きたい。その撮影場所の記述から、西山さんが仕事の合間を縫って、ベラを求めて日本中の海を潜っていることが分かる。本書は著者の情熱がこもった一冊なのだ。本書は魚が好きな人はもちろんのこと、アマチュアからプロのダイバー、魚類研究者や海洋生物研究者まで多くの人の手元に置いて頂きたい一冊である。

2012年2月7日

鹿児島大学総合研究博物館・教授　本村浩之

凡例

[図鑑解説]

　本書では36属151種／タイプ（交雑個体や未同定種を含む）のベラ科魚類を掲載することができた。日本に生息するベラ科の幼魚から若魚、雄、雌、老成魚、および婚姻色等できるだけのステージを掲載した。

　本書の一番のこだわりは、すべての生態写真が筆者一人によって撮影されたものであることだ。撮影でこだわった点は、できるだけ被写体の頭部が左、尾鰭が右に位置するよう構図したことである（反転画像も数点含まれる）。魚を食する時、やはり左側に頭部が置かれる。魚の絵を描く時や原色図鑑等でも、やはり左側に頭部、右側に尾鰭だ。いろいろと説があるが昔から日本人はこの習慣が知らずに身についているようである。

　可能な限り日本産のベラ科の写真を掲載したが、体色や鰭の開き具合などの写り具合によっては、日本産をあきらめ、外国で撮影した写真を一部では採用した。生活環境も記録するため、できるだけ周辺環境も映しこんだ。撮影困難なステージや、同定が困難な一部の種には、標本写真も採用した。また、各種の生息状況、生息環境、および習性を筆者の観察経験に基づき詳しく解説した。

[ページ解説]

　標準和名、学名（記載者と記載年を含む）、タイプ産地、英名、属（属の和名）の順に記載し、その後、種の形態的・色彩的特徴をできるだけ成長段階による変化を踏まえて解説。次に生息環境、国外での分布状況、国内での分布状況の順に記載した。

　写真のキャプションには、標準和名／性別／ステージ（サイズ）／体色（撮影地、水深、撮影日）を記載。サイズは全長で表記。繁殖行動時の写真には撮影時間も付した。

　左頁上には、より成熟した雄個体を、右頁下には、より成熟した雌個体をそれぞれ掲載し（一部他ステージを含む）、可能な限り成長過程の写真を列挙した。生態的に興味深い行動などの記録写真や撮影角度を変えた写真も掲載した。雄雌判別不能な種や、写真点数の少ない種は1頁の掲載。

● 標準和名とは

　同じ魚でも、地方や漁師、釣り人によって呼び名が異なっている。例えば標準和名でキュウセンと呼ばれる魚を、神戸方面では雄をアオベラ、雌をアカベラなどと呼ぶ。また、ブリのように成長段階で呼び名が変わるものもある。一方、標準和名は1種に1つの固有の名称で、日本中の人が誤解なくコミュニケーションをとるためにも重要なものである。現在の魚類における標準和名は2000年の中坊徹次（編）『日本産魚類検索』が基準となっている。

● 学名とは

　学名は世界共通の名称で、「種」の学名は二語の名称で表記される。前方は属名、後方は種小名と呼ばれる。その後ろに、命名者の名前と新種として発表された年（記載年）が並ぶ。種の学名はラテン語やギリシャ語などで表記される。同一種を誤って複数回記載することによって、複数の学名が命名されてしまうケースが多々あるが、研究が進むことによって最も古く提唱された学名が有効とされる。学名の命名者と記載年が（　）で囲われているものは、学名の属名が変更されたことを示している。本書では、学名の属名と種小名の間に"cf"と表記したものは、その学名が示す種そのものか、あるいはその種に近縁な未知の種ということを示している。また、2つの学名の間に"×"がある場合は、これら2種の交雑個体である可能性を示している。

目次

はじめに————本村浩之 ———————————————————————————— 003
凡例 ——————————————————————————————————— 004
撮影地マップ ————————————————————————————————— 006
各部の名称／用語解説 —————————————————————————————— 007
日本のベラ大図鑑 36 属 Contents ————————————————————————— 008
日本のベラ大図鑑 151 種 Contents ———————————————————————— 010

図版

- ●コブダイ属 ———— 1種 ———— 012
- ●イラ属 ——————— 5種 ———— 014
- ●ブダイベラ属 ——— 1種 ———— 024
- ●タキベラ属 ———— 14種 ———— 026
- ●テレラブルス属 —— 1種 ———— 052
- ●ススキベラ属 ——— 6種 ———— 054
- ●カマスベラ属 ——— 1種 ———— 066
- ●クギベラ属 ———— 1種 ———— 068
- ●タレクチベラ属 —— 2種 ———— 070
- ●ソメワケベラ属 —— 3種 ———— 074
- ●クロベラ属 ———— 1種 ———— 080
- ●マナベベラ属 ——— 2種 ———— 082
- ●オハグロベラ属 —— 3種 ———— 086
- ●ササノハベラ属 —— 2種 ———— 092
- ●イトベラ属 ———— 3種 ———— 096
- ●カミナリベラ属 —— 5種 ———— 100
- ●ノドグロベラ属 —— 3種 ———— 110
- ●オグロベラ属 ——— 5種 ———— 116
- ●ニシキベラ属 ——— 9種 ———— 124
- ●キュウセン属 ——— 20種 ———— 142
- ●カンムリベラ属 —— 5種 ———— 182
- ●シラタキベラダマシ属 — 5種 — 192
- ●シロタスキベラ属 — 3種 ———— 200
- ●イトヒキベラ属 —— 13種 ———— 206
- ●クジャクベラ属 —— 1種 ———— 232
- ●ハシナガベラ属 —— 2種 ———— 234
- ●モチノウオ属 ——— 5種 ———— 238
- ●ニセモチノウオ属 — 5種 ———— 248
- ●ホホスジモチノウオ属 — 8種 — 256
- ●ギチベラ属 ———— 1種 ———— 268
- ●ノバクロイデス属 — 1種 ———— 270
- ●タテヤマベラ属 —— 1種 ———— 272
- ●テンス属 ————— 8種 ———— 274
- ●テンスモドキ属 —— 1種 ———— 286
- ●ホンテンスモドキ属 — 3種 ——— 288
- ●アムノラブルス属 — 1種 ———— 294

参考文献／撮影協力／参考ホームページ／水中風景写真提供／標本写真提供 —————————— 297
和名索引 ——————————————————————————————————— 298
学名索引 ——————————————————————————————————— 300
おわりに————西山一彦 ———————————————————————————— 302

撮影地マップ

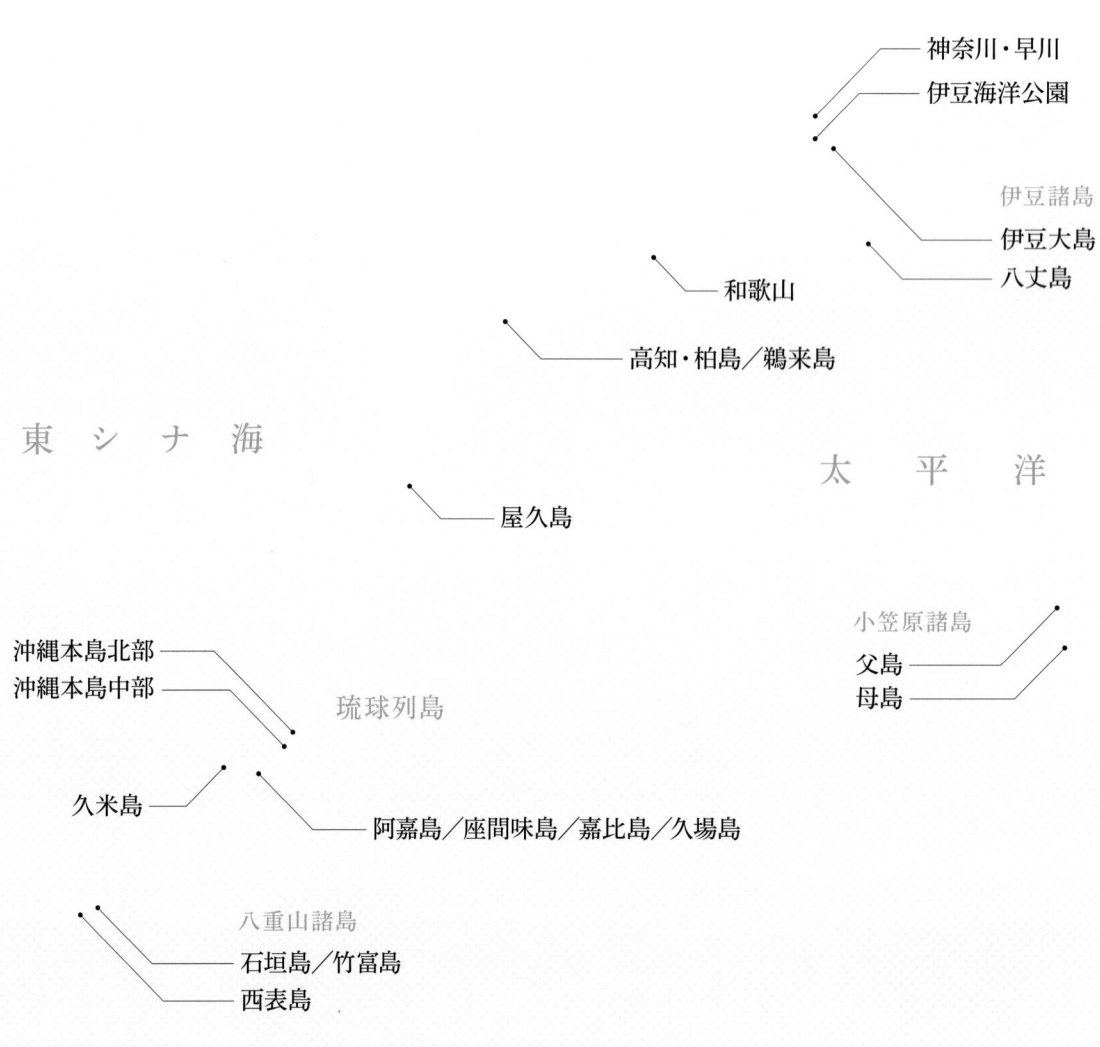

各部の名称

用語解説

【鰭条】……硬く先端が尖る棘条と節がある柔らかい軟条がある。
【鰭膜】……鰭条間の膜。
【尾柄】……臀鰭基底後から尾鰭基底までの間。
【婚姻色】…繁殖期に発現する平常時とは異なる体色。
【性転換】…個体が性別を変えること。

【近縁種】…系統的にみて共通祖先までの種分化数が少ない種。普通は属内の種同士で使われる。
【新参同物異名】…1種の生物に対して複数の学名が提唱されてしまう場合がある。その際、原則として最も古い学名が有効となり、それ以外の学名は新参同物異名として無効とみなされる。シノニムとも呼ばれる。

日本のベラ大図鑑36属 Contents

【コブダイ属】1種 ——— p.012
Semicossyphus

【イラ属】5種 ——— p.014
Choerodon

【ブダイベラ属】1種 ——— p.024
Pseudodax

【カマスベラ属】1種 ——— p.066
Cheilio

【クギベラ属】1種 ——— p.068
Gomphosus

【タレクチベラ属】2種 ——— p.070
Hemigymnus

【オハグロベラ属】3種 ——— p.086
Pteragogus

【ササノハベラ属】2種 ——— p.092
Pseudolabrus

【イトベラ属】3種 ——— p.096
Suezichthys

【ニシキベラ属】9種 ——— p.124
Thalassoma

【キュウセン属】20種 ——— p.142
Halichoeres

【カンムリベラ属】5種 ——— p.182
Coris

【クジャクベラ属】1種 ——— p.232
Paracheilinus

【ハシナガベラ属】2種 ——— p.234
Wetmorella

【モチノウオ属】5種 ——— p.238
Cheilinus

【ノバクロイデス属】1種 ——— p.270
Novaculoides

【タテヤマベラ属】1種 ——— p.272
Cymolutes

【テンス属】8種 ——— p.274
Iniistius

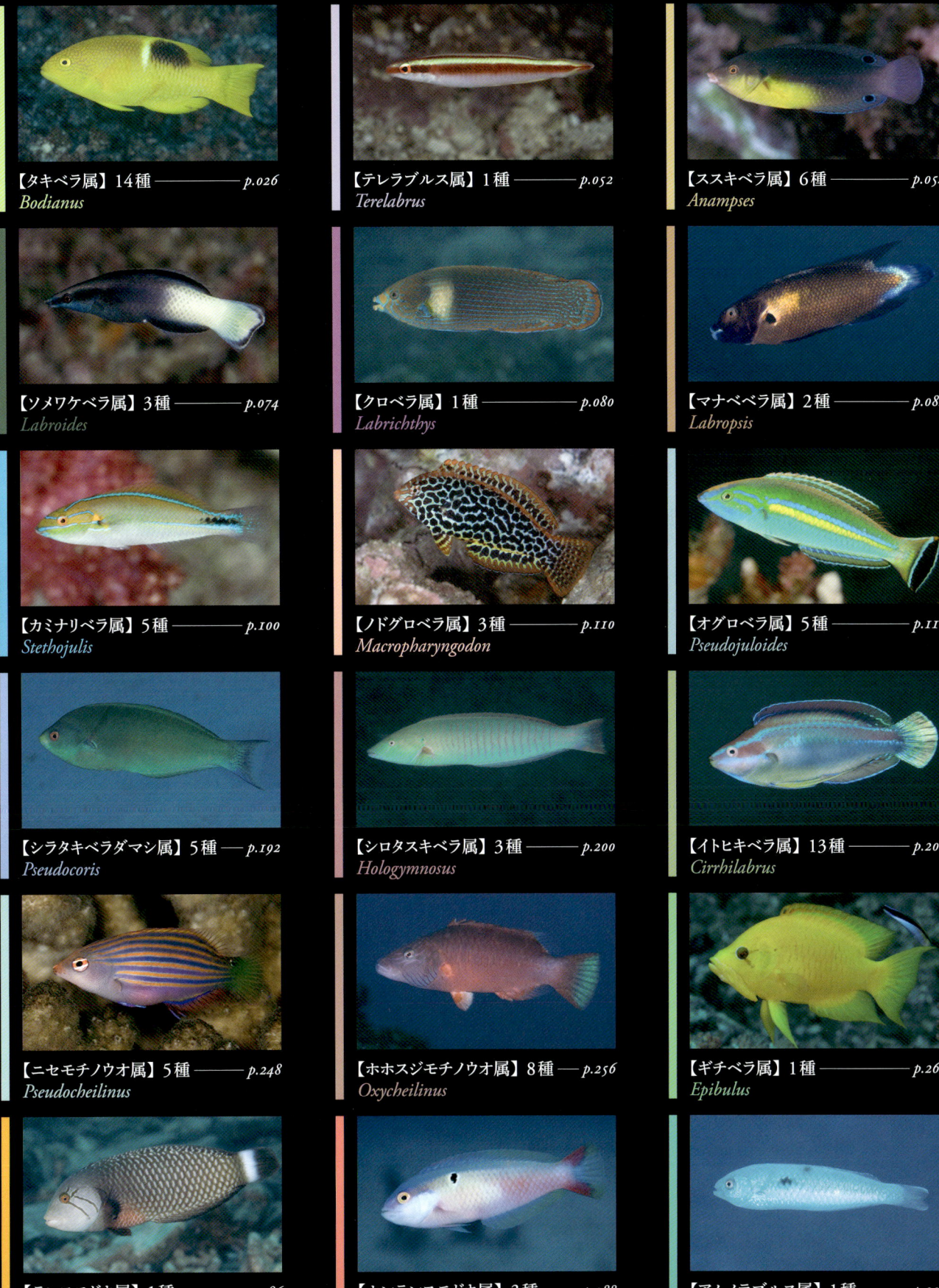

日本のベラ大図鑑151種 Contents

コブダイ属　Semicossyphus
- コブダイ　012
  Semicossyphus reticulatus

イラ属　Choerodon
- イラ　014
  Choerodon azurio
- シロクラベラ　017
  Choerodon shoenleinii
- クラカケベラ　018
  Choerodon jordani
- クサビベラ　020
  Choerodon anchorago
- シチセンベラ　022
  Choerodon fasciatus

ブダイベラ属　Pseudodax
- ブダイベラ　024
  Pseudodax moluccanus

タキベラ属　Bodianus
- タキベラ　026
  Bodianus perditio
- キツネベラ　028
  Bodianus bilunulatus
- ヒレグロベラ　030
  Bodianus loxozonus
- スミツキベラ　032
  Bodianus axillaris
- ケサガケベラ　034
  Bodianus mesothorax
- モンツキベラ　036
  Bodianus dictynna
- ヒオドシベラ　038
  Bodianus anthioides
- キツネダイ　040
  Bodianus oxycephalus
- アカホシキツネベラ　042
  Bodianus rubrisos
- スジキツネベラ　043
  Bodianus leucostictus
- タヌキベラ　044
  Bodianus izuensis
- フタホシキツネベラ　046
  Bodianus bimaculatus
- シマキツネベラ　048
  Bodianus masudai
- タキベラ属の1種　050
  Bodianus neoperculatus

テレラブルス属　Terelabrus
- テレラブルス属の1種　052
  Terelabrus sp.

ススキベラ属　Anampses
- ホシススキベラ　054
  Anampses twistii
- ブチススキベラ　056
  Anampses caeruleopunctatus
- クロフチススキベラ　058
  Anampses melanurus
- ホクトベラ　060
  Anampses meleagrides
- ムシベラ　062
  Anampses geographicus
- ニューギニアベラ　064
  Anampses neoguinaicus

カマスベラ属　Cheilio
- カマスベラ　066
  Cheilio inermis

クギベラ属　Gomphosus
- クギベラ　068
  Gomphosus varius

タレクチベラ属　Hemigymnus
- タレクチベラ　070
  Hemigymnus melapterus
- シマタレクチベラ　072
  Hemigymnus fasciatus

ソメワケベラ属　Labroides
- ソメワケベラ　074
  Labroides bicolor
- ホンソメワケベラ　076
  Labroides dimidiatus
- スミツキソメワケベラ　079
  Labroides pectoralis

クロベラ属　Labrichthys
- クロベラ　080
  Labrichthys unilineatus

マナベベラ属　Labropsis
- マナベベラ　082
  Labropsis manabei
- ミヤケベラ　084
  Labropsis xanthonota

オハグロベラ属　Pteragogus
- オハグロベラ　086
  Pteragogus aurigarius
- オハグロベラ属の1種-1　088
  Pteragogus enneacanthus
- オハグロベラ属の1種-2　090
  Pteragogus sp.2

ササノハベラ属　Pseudolabrus
- アカササノハベラ　092
  Pseudolabrus eoethinus
- ホシササノハベラ　094
  Pseudolabrus sieboldi

イトベラ属　Suezichthys
- イトベラ　096
  Suezichthys gracilis
- アデイトベラ　098
  Suezichthys arquatus
- セグロイトベラ　099
  Suezichthys soelae

カミナリベラ属　Stethojulis
- カミナリベラ　100
  Stethojulis terina
- ハラスジベラ　102
  Stethojulis strigiventer
- アカオビベラ　104
  Stethojulis bandanensis
- オニベラ　106
  Stethojulis trilineata
- スミツキカミナリベラ　108
  Stethojulis maculata

ノドグロベラ属　Macropharyngodon
- ノドグロベラ　110
  Macropharyngodon meleagris
- セジロノドグロベラ　112
  Macropharyngodon negrosensis
- ウスバノドグロベラ　114
  Macropharyngodon moyeri

オグロベラ属　Pseudojuloides
- オグロベラ　116
  Pseudojuloides cerasinus
- アオスジオグロベラ　118
  Pseudojuloides severnsi
- スミツキオグロベラ　120
  Pseudojuloides mesostigma
- オトヒメベラ　122
  Pseudojuloides elongates
- マイヒメベラ　123
  Pseudojuloides atavai

ニシキベラ属　Thalassoma
- ニシキベラ　124
  Thalassoma cupido
- ハコベラ　126
  Thalassoma quinquevittatum
- リュウグウベラ　128
  Thalassoma trilobatum
- キヌベラ　130
  Thalassoma purpureum
- ヤンセンニシキベラ　132
  Thalassoma jansenii
- ヤマブキベラ　134
  Thalassoma lutescens
- セナスジベラ　136
  Thalassoma hardwicke
- オトメベラ　138
  Thalassoma lunare
- コガシラベラ　140
  Thalassoma amblycephalum

キュウセン属　Halichoeres
- キュウセン　142
  Halichoeres poecilopterus
- ホンベラ　144
  Halichoeres tenuispinis
- コガネキュウセン　146
  Halichoeres chrysus
- カノコベラ　148
  Halichoeres marginatus
- カザリキュウセン　150
  Halichoeres melanurus
- ツキベラ　152
  Halichoeres orientalis

ニシキキュウセン …………………… 154
Halichoeres bicolor
Halichoeres biocellatus
アカニジベラ …………………… 156
Halichoeres margaritaceus
イナズマベラ …………………… 158
Halichoeres nebulosus
ホホワキュウセン …………………… 160
Halichoeres miniatus
クマドリキュウセン …………………… 162
Halichoeres argus
アミトリキュウセン …………………… 164
Halichoeres leucurus
ゴシキキュウセン …………………… 166
Halichoeres richmondi
ホクロキュウセン …………………… 168
Halichoeres melasmapomus
キスジキュウセン …………………… 170
Halichoeres hartzfeldii
ミツボシキュウセン …………………… 172
Halichoeres trimaculatus
セイテンベラ …………………… 174
Halichoeres scapularis
トカラベラ …………………… 176
Halichoeres hortulanus
ムナテンベラ …………………… 178
Halichoeres melanochir
ムナテンベラダマシ …………………… 180
Halichoeres prosopeion

カンムリベラ属　　Coris

カンムリベラ …………………… 182
Coris aygula
ツユベラ …………………… 184
Coris gaimard
シチセンムスメベラ …………………… 186
Coris batuensis
スジベラ …………………… 188
Coris dorsomacula
ムスメベラ …………………… 190
Coris picta

シラタキベラダマシ属　　Pseudocoris

シラタキベラダマシ …………………… 192
Pseudocoris aurantiofasciata
シラタキベラダマシ属の1種 …………………… 193
Pseudocoris ocellata
シラタキベラ …………………… 194
Pseudocoris bleekeri
ヤマシロベラ …………………… 196
Pseudocoris yamashiroi
ヤマシロベラ×シラタキベラの交雑個体? …………………… 198
? Pseudocoris yamashiroi × Pseudocoris bleekeri

シロタスキベラ属　　Hologymnosus

シロタスキベラ …………………… 200
Hologymnosus doliatus
ナメラベラ …………………… 202
Hologymnosus annulatus
アヤタスキベラ …………………… 204
Hologymnosus rhodonotus

イトヒキベラ属　　Cirrhilabrus

イトヒキベラ …………………… 206
Cirrhilabrus temminckii
イトヒキベラ属の1種-1 …………………… 208
Cirrhilabrus sp. 1

ゴシキイトヒキベラ …………………… 210
Cirrhilabrus katherinae
クロヘリイトヒキベラ …………………… 212
Cirrhilabrus cyanopleura
イトヒキベラ属の1種-2 …………………… 214
Cirrhilabrus lyukyuensis
ベニヒレイトヒキベラ …………………… 216
Cirrhilabrus rubrimarginatus
クレナイイトヒキベラ …………………… 218
Cirrhilabrus katoi
ツキノワイトヒキベラ …………………… 220
Cirrhilabrus lunatus
ツキノワイトヒキベラ×イトヒキベラ属の1種-3の交雑個体? …………………… 222
? Cirrhilabrus lunatus × Cirrhilabrus sp. 3
イトヒキベラ属の1種-3 …………………… 224
Cirrhilabrus sp. 3
ヤリイトヒキベラ …………………… 226
Cirrhilabrus lanceolatus
トモシビイトヒキベラ …………………… 228
Cirrhilabrus melanomarginatus
ニシキイトヒキベラ …………………… 230
Cirrhilabrus exquisitus

クジャクベラ属　　Paracheilinus

クジャクベラ …………………… 232
Paracheilinus carpenteri

ハシナガベラ属　　Wetmorella

ハシナガベラ …………………… 234
Wetmorella nigropinnata
ハシナガベラ属の1種 …………………… 236
Wetmorella albofasciata

モチノウオ属　　Cheilinus

メガネモチノウオ …………………… 238
Cheilinus undulates
ヤシャベラ …………………… 240
Cheilinus fasciatus
ミツバモチノウオ …………………… 242
Cheilinus trilobatus
アカテンモチノウオ …………………… 244
Cheilinus chlorourus
ミツボシモチノウオ …………………… 246
Cheilinus oxycephalus

ニセモチノウオ属　　Pseudocheilinus

ニセモチノウオ …………………… 248
Pseudocheilinus hexataenia
ヨスジニセモチノウオ …………………… 250
Pseudocheilinus tetrataenia
ヨコシマニセモチノウオ …………………… 251
Pseudocheilinus ocellatus
ヤスジニセモチノウオ …………………… 252
Pseudocheilinus octotaenia
ヒメニセモチノウオ …………………… 254
Pseudocheilinus evanidus

ホホスジモチノウオ属　　Oxycheilinus

ホホスジモチノウオ …………………… 256
Oxycheilinus diagrammus
ヒトスジモチノウオ …………………… 258
Oxycheilinus unifasciatus
ハナナガモチノウオ …………………… 260
Oxycheilinus celebicus

ホホスジモチノウオ属の1種-1 …………………… 262
Oxycheilinus arenatus
ホホスジモチノウオ属の1種-2 …………………… 263
Oxycheilinus orientalis
ホホスジモチノウオ属の1種-3 …………………… 264
Oxycheilinus sp. 3
ホホスジモチノウオ属の1種-4 …………………… 265
Oxycheilinus sp. 4
タコベラ …………………… 266
Oxycheilinus bimaculatus

ギチベラ属　　Epibulus

ギチベラ …………………… 268
Epibulus insidiator

ノバクロイデス属　　Novaculoides

オオヒレテンスモドキ …………………… 270
Novaculoides macrolepidotus

タテヤマベラ属　　Cymolutes

タテヤマベラ …………………… 272
Cymolutes torquatus

テンス属　　Iniistius

テンス …………………… 274
Iniistius dea
ヒノマルテンス …………………… 275
Iniistius twistii
ホシテンス …………………… 276
Iniistius pavo
テンス属の1種 …………………… 278
Iniistius celebicus
ハゲヒラベラ …………………… 280
Iniistius aneitensis
モンヒラベラ …………………… 282
Iniistius melanopus
ヒラベラ …………………… 284
Iniistius pentadactylus
バラヒラベラ …………………… 285
Iniistius verrens

テンスモドキ属　　Novaculichthys

オビテンスモドキ …………………… 286
Novaculichthys taeniourus

ホンテンスモドキ属　　Xyrichtys

テンスモドキ …………………… 288
Xyrichtys sciistius
ホンテンスモドキ属の1種-1 …………………… 290
Xyrichtys halsteadi
ホンテンスモドキ属の1種-2 …………………… 292
Xyrichtys sp. 2

アムノラブルス属　　Ammolabrus

アムノラブルス属の1種 …………………… 294
Ammolabrus dicrus

●コブダイ／雄／老成魚（80cm）──柏島 45m 2011.3.28

コブダイ

Semicossyphus reticulatus
(Valenciennes, 1839)

- ●タイプ産地────Japan
- ●英名─────Bulgyhead Wrasse
- ●コブダイ属

●コブダイ／雄／老成魚（80cm）
ダイバーが石を叩くと、どこからか現れる──柏島 45m 2011.3.28

　ベラ科の中でも最大級で、突き出したコブは、強い雄の勲章のようなものだ。なでた感じでは、意外と柔らかい脂肪のかたまり。貝やウニなどを特に好み、鋭い歯でかぎとり、まるごと食べ強い顎で砕いて食べる。撮影中も、下唇にガンガゼ（ウニ）の針を刺しながらも食べる場面がみられた。潮通しの良い、外洋に面した岩礁、サンゴ域の深場に生息する。若魚や雌は、やや浅場で生息し、雄は単独で浅い水深から深い水深まで幅広く縄張りを持つ。幼魚から若魚まではサンゴの間に身を隠し生活していることが多い。成魚の寝床は岩礁のくぼみを利用する。柏島では、夏から秋にかけて水深70m以深の低い水温帯で生息しているが、冬から春にかけての水温15～20℃時には水深30～40mでもコンスタントにみられる。国内では南日本の太平洋岸と伊豆諸島、日本海側では佐渡島以南に生息する。

●コブダイ／幼魚（2cm）——柏島 28m 2009.7.27　　●コブダイ／幼魚（4cm）——伊豆海洋公園 18m 2011.7.26

●コブダイ／雄／老成魚（80cm）——柏島 45m 2011.3.28　　●コブダイ／雄／砕いた貝の破片を吐き出す老成魚（80cm）——柏島 45m 2011.3.28

●コブダイ／お腹が大きい雌／老成魚（55cm）——柏島 20m 2011.3.28

●イラ／成魚（40cm）——柏島 28m 2010.8.31

イラ

Choerodon azurio
(Jordan and Snyder, 1901)

- ●タイプ産地────Japan
- ●英名─────Blue-tip Tuskfish
- ●イラ属

　幼魚の背鰭には眼状斑があり、成長にともない消失する。イラの特徴でもある、胸鰭基部上方から背鰭基底にかけての帯が若魚から出現する。成魚では吻から項部の間が直角に張り出し厚みがある個体が雄と思われる。ベラ科の中でも比較的大型種で、生息水深も幅広い。潮通しの良い、岩礁、サンゴ域に生息する。鋭い歯で甲殻類や貝、ウニなど食べる場面も観察される。ダイバーにもよく馴れる。東アジアの固有種。国内では南日本太平洋岸と伊豆諸島に分布する。

●イラ／幼魚（2cm）――柏島 23m 2011.10.2　　●イラ／幼魚（3cm）――柏島 32m 2011.4.12

●イラ／幼魚（5cm）――柏島 15m 2010.6.28　　●イラ／若魚（8cm）――柏島 15m 2009.8.24

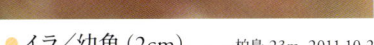

●イラ／成魚（25cm）――柏島 22m 2010.8.31

015

●イラ？／成魚（45cm）──柏島 40m 2009.9.30

●イラ？／幼魚（2cm）──柏島 10m 2009.9.30

●イラ？／成魚（50cm）──柏島 40m 2010.8.29

　上の3写真はイラに酷似するが、イラと比べて色彩が鮮やかであること、体高が高いこと、最大体長が大きいこと、より深い水深に生息することなどの相違がある。繁殖期以外にも写真のような鮮やかな色彩を呈する。幼魚は、吻端から背鰭前部基底にかけて黄色く、背鰭から体側、臀鰭にかけて太い黒色横帯が走る。2009年12月にも幼魚2個体が確認された。今後の分類学的検討が必要と思われる。潮通しの良い岩礁、サンゴ、砂底域などの深い水深に生息する。

●シロクラベラ／若魚（45cm）──沖縄本島中部 15m 2010.7.25

シロクラベラ

Choerodon shoenleinii
(Valenciennes, 1839)

- ●タイプ産地──Sulawesi, Indonesia
- ●英名────Blackspot Tuskfish
- ●イラ属

●シロクラベラ／若魚（4cm）──沖縄本島中部 8m 2010.9.10

●シロクラベラ／若魚（8cm）──沖縄本島中部 2m 2010.9.12

　成長にともなって背鰭基底後方の黒色斑と尾柄部前方にある白色斑は薄れる。岩礁、サンゴ礁、シルト底に単独で生息する。幼魚は、内湾の穏やかな環境のシルト底など、水深の浅い場所でよくみられる。若魚はアミナフエダイとよく群れる。琉球列島では、マクブとも呼ばれ、三大高級魚でもあり、老成魚では1m以上に達する。東南インド洋と西太平洋に分布。国内では琉球列島からのみ知られる。

●クラカケベラ／成魚（20cm）──西表島 13m 2009.6.15

クラカケベラ

Choerodon jordani (Snyder, 1908)

- ●タイプ産地──Okinawa, Japan
- ●英名──Jordan's Tuskfish
- ●イラ属

　胸鰭基部上方から背側後方と尾柄にかけて出現する三角形の暗色帯と尾柄部前方背側にある白色斑が特徴。幼魚は暗色帯が橙色だが、成長にともない徐々に色が暗くなる。幼魚の背鰭後部には眼径大の1黒色斑がある。砂地に生息する個体は、体色が全体的に白っぽい。潮通しの良いガレ場、岩礁、砂地、サンゴ礁域に生息する。南東インド洋と西太平洋に生息。国内では南日本太平洋岸、小笠原諸島、琉球列島に分布する。

●クラカケベラ／幼魚（1cm）──石垣島 22m 2011.6.27

●クラカケベラ／幼魚（3cm）──西表島 18m 2011.7.9

●クラカケベラ／若魚（5cm）──屋久島 18m 2009.9.6

●クラカケベラ／若魚（8cm）──石垣島 13m 2011.6.28

●クラカケベラ／成魚（15cm）──竹富島 13m 2010.11.14

【イラ属】●クラカケベラ

●クサビベラ／成魚（30cm）——石垣島 10m 2012.4.7

クサビベラ

Choerodon anchorago (Bloch, 1791)

- ●タイプ産地——Unknown
- ●英名————Anchor Tuskfish
- ●イラ属

　体中央にある楔形の黄白色斑が特徴で、和名の由来でもある。老成した個体は楔模様が薄れる。頭部側面と背鰭基部には赤色点が散在する。幼魚から若魚にかけては、腹鰭と臀鰭が黄色味を帯びる。潮通しの良いガレ場、砂地、岩礁、サンゴ礁域に生息するが、幼魚は特に内湾の穏やかな水深の浅い場所でみられ、シルト底や藻場にも出現する。成魚は鋭い歯を持ち、岩やサンゴをかじる行動も観察される。東インド洋と西太平洋に分布する。国内では小笠原諸島と琉球列島から確認されている。

●クサビベラ／成魚（30cm）——石垣島 10m 2012.4.7

●クサビベラ／幼魚（3cm）──石垣島 2m 2010.11.14

●クサビベラ／幼魚（4cm）──石垣島 3m 2012.4.7

●クサビベラ／幼魚（5cm）──石垣島 2m 2010.11.14

●クサビベラ／若魚（7cm）──石垣島 3m 2010.11.14

●クサビベラ／老成魚（40cm）──石垣島 10m 2010.11.13

●シチセンベラ／成魚（20cm）──── 久米島 18m　2010.5.24

シチセンベラ

Choerodon fasciatus (Günther, 1867)

- ●タイプ産地──── Queensland, Australia
- ●英名──────── Harlequin Tuskfish
- ●イラ属

　本種は体側と頭部に赤暗色の複数の横帯が走る。幼魚から若魚は、背鰭の前部と後部にそれぞれ1眼状斑、臀鰭に1眼状斑を有するが、成長にともなって消失する。コブダイやイラと同様に鋭い歯をもち、甲殻類や貝などを好む。サンゴ礁や岩礁域などの水路壁縁や、洞窟などのやや薄暗く潮の流れも少ない環境に単独で生息する。壁縁に沿って腹部を上にして泳ぐところがしばしば観察される。幼魚は岩礁の亀裂など成魚より狭く暗い場所を好むようだ。赤道付近を除く西太平洋に分布する。国内では南日本太平洋岸と琉球列島から知られる。

● シチセンベラ／幼魚（1.5cm）――沖縄本島中部 13m 2011.7.10

● シチセンベラ／若魚（6cm）――沖縄本島中部 7m 2012.1.29

● シチセンベラ／若魚（6cm）――沖縄本島中部 7m 2012.1.29

● シチセンベラ／若魚（12cm）――沖縄本島中部 10m 2011.7.8

● シチセンベラ／老成魚（22cm）／成熟するにつれ尾鰭が赤く染まる――沖縄本島中部 4m 2012.1.29

［イラ属］●シチセンベラ

023

●ブダイベラ／雄／成魚（26cm）／婚姻色──屋久島 18m 2011.8.14

ブダイベラ

Pseudodax moluccanus
(Valenciennes, 1840)

- ●タイプ産地──Moluccas, Indonesia
- ●英名────Chiseltooth Wrasse
- ●ブダイベラ属

　水中では暗色の体色に尾鰭の黄色横帯だけが目立つ地味な魚だが、写真に撮ると、実は繊細な体色をしていることが分かる。特に雄成魚は背鰭基部周辺が鮮やかな赤色に染まる。雌成魚2〜3個体とハレムを作り行動する。水中が薄暗くなる夕方に求愛産卵することが多い。普段は他のベラやブダイ類と混ざって群れることもある。幼魚はソメワケベラ属に似ており、他の魚の体表の寄生虫を食すクリーナーである。外洋に面した、潮通しの良い、岩礁やサンゴ礁域に生息する。インド・太平洋に広く分布するがハワイには出現しない。国内では南日本太平洋岸、伊豆諸島、小笠原諸島、琉球列島に分布する。

●ブダイベラ／幼魚（2cm）——屋久島 18m 2011.8.14

●ブダイベラ／幼魚（4cm）——屋久島 13m 2009.11.26

●ブダイベラ／幼魚（6cm）——パラオ 10m 2008.2.23

●ブダイベラ／雄／成魚（25cm）——阿嘉島 18m 2011.11.6

●ブダイベラ／雌／成魚（16cm）——屋久島 18m 2010.6.5

025

●タキベラ／成魚（45cm）──小笠原・父島 28m 2010.7.12

タキベラ

Bodianus perditio (Quoy and Gaimard, 1834)

- タイプ産地──Tonga
- 英名────Gold-spot Hogfish
- タキベラ属

　幼魚は赤褐色の体色で、白色横帯が背鰭基底中央部から臀鰭始部まで走る。体色は成長にともない赤褐色、黄色、赤褐色と変化し、白色横帯は白色斑になる。幼魚は臀鰭中央部に黒色斑、尾柄部中央に白色斑がある。これらの斑紋は若魚のステージで消失する。外洋に面した、潮通しの良い、岩礁、サンゴ礁域などの深場に生息する大型種。南西インド洋、南西太平洋、日本から報告されている。国内では、南日本太平洋岸、小笠原諸島、琉球列島に分布する。

●タキベラ／成魚（45cm）──小笠原・父島 28m 2010.7.12

● タキベラ／幼魚（3cm）——小笠原・父島 16m 2010.7.12

● タキベラ／幼魚（5cm）——小笠原・父島 22m 2010.7.12

● タキベラ／若魚（10cm）——屋久島 12m 2011.8.14

● タキベラ／若魚（20cm）——屋久島 17m 2010.6.6

【タキベラ属】● タキベラ

● タキベラ／成魚（26cm）——奄美大島 KAUM-I. 24435

027

● キツネベラ／成魚（27cm）――小笠原・父島 25m 2010.6.5

キツネベラ

Bodianus bilunulatus (Lacepède, 1801)

- ●タイプ産地――Mauritius
- ●英名――Tarry Hogfish
- ●タキベラ属

● キツネベラ／老成魚（40cm）――八丈島 18m 2011.11.28

● キツネベラ／老成魚（40cm）――種子島 KAUM-I.18062

　幼魚は背鰭軟条部から臀鰭にかけて幅広い黒色横帯が走る。幼魚はヒレグロベラの幼魚と似るが、後者には尾鰭基部にもう1本の黒色横帯がある。体後半部の幅広い黒色横帯は、成長にともない下方から薄れ、成魚では尾柄部前方の大きな黒色斑となる。老成するとこの黒色斑は消失する。若魚時にみられる頭部下方の散在する赤色点は、成長にともなって消失し、赤白色縦帯へと変化する。潮通しの良い、岩礁、ガレ場、サンゴ礁域に生息する。タキベラ属の中でも最も広く分布する種の1つで、分布域はインド・西太平洋広域におよぶ。国内では南日本太平洋沿岸、伊豆諸島、小笠原諸島、琉球列島に分布する。

●キツネベラ／幼魚（2cm）――柏島 10m 2008.9.6

●キツネベラ／若魚（4cm）――柏島 8m 2009.5.29

●キツネベラ／若魚（5cm）――屋久島 12m 2011.8.16

●キツネベラ／若魚（7cm）――柏島 12m 2009.6.29

●キツネベラ／若魚（10cm）――屋久島 18m 2011.8.15

［タキベラ属］●キツネベラ

●ヒレグロベラ／成魚（25cm）──── 石垣島 20m 2011.6.27

ヒレグロベラ

Bodianus loxozonus
(Snyder, 1908)

- ●タイプ産地──── Okinawa, Japan
- ●英名──────── Blackfin Hogfish
- ●タキベラ属

幼魚はキツネベラと似るが、尾柄部に黒い横帯があることから識別可能。成魚は、背鰭後部から尾鰭下縁にかけて黒色帯があり、腹鰭は全体的に黒く染まり、臀鰭下部も黒く縁どられる。成魚は行動範囲が広く、単独で生活する。タキベラ属特有の強い顎で小石などをひっくり返し、底生動物などや甲殻類などを探しているところが頻繁に観察される。潮通しの良い、岩礁、サンゴ礁域に生息する。幼魚は浅い水深の内湾域にも出現する。ハワイを除く太平洋に広く分布する。国内では南日本太平洋岸、伊豆諸島、小笠原諸島、琉球列島から確認されている。

●ヒレグロベラ／幼魚（2cm）——石垣島 13m 2012.4.6

●ヒレグロベラ／幼魚（3cm）——屋久島 2m 2010.6.5

●ヒレグロベラ／幼魚（4cm）——西表島 10m 2010.6.5

●ヒレグロベラ／若魚（5cm）——西表島 12m 2009.6.13

●ヒレグロベラ／老成魚（30cm）——阿嘉島 24m 2011.9.10

【タキベラ属】●ヒレグロベラ

031

● スミツキベラ／老成魚（23cm）────阿嘉島 20m 2011.9.12

スミツキベラ

Bodianus axillaris (Bennett, 1832)

- ●タイプ産地──── Mauritius
- ●英名──────── Axilspot Hogfish
- ●タキベラ属

　本種はケサガケベラと似るが、背鰭と臀鰭に黒色斑があることで区別される。幼魚は黒い体色に水玉模様の白色斑がある。潮通しの良い、岩礁、サンゴ礁域に単独で生息する。ハワイを除くインド・太平洋に広く分布し、本属の中でも最も広く分布する種の1つ。国内では、南日本太平洋岸、伊豆諸島、小笠原諸島、琉球列島に生息する。

● クリーニングするスミツキベラ成魚（18cm）────石垣島 13m 2012.4.6

●スミツキベラ／幼魚（1cm）──屋久島 5m 2011.12.10

●スミツキベラ／幼魚（2cm）──柏島 13m 2008.5.31

[タキベラ属] ●スミツキベラ

●スミツキベラ／幼魚（3cm）
──阿嘉島 5m 2011.11.7

●スミツキベラ／幼魚（4cm）
──屋久島 8m 2011.12.9

●スミツキベラ／若魚（8cm）
──石垣島 6m 2010.11.13

●スミツキベラ／成魚（14cm）──沖縄本島中部 17m 2012.1.30

033

● ケサガケベラ／成魚（20cm）——屋久島 13m 2011.12.10

ケサガケベラ

Bodianus mesothorax (Bloch and Schneider, 1801)

- ●タイプ産地——Indonesia
- ●英名————Blackbelt Hogfish
- ●タキベラ属

　本種はスミツキベラに似るが、胸鰭基部から背鰭にかけて斜めに幅広い三角形の黒色帯が入ることで識別可能。また本種はスミツキベラにみられる背鰭と臀鰭の黒色斑がないことでも区別される。顎の後端から鰓蓋後縁にかけて縦に伸びる黒色線も特徴。幼魚では、岩礁のオーバーハング状になった岩陰などの薄暗い環境で生活するため、黒っぽい幼魚の姿は見つけづらい。潮通しの良い、岩礁、サンゴ礁域に生息する。東インド洋と西太平洋に分布する。国内では南日本太平洋岸、伊豆諸島、小笠原諸島、琉球列島から知られている。

● ケサガケベラ／老成魚（28cm）——西表島 13m 2009.6.13

●ケサガケベラ／幼魚（1cm）——柏島 12m 2009.6.29

●ケサガケベラ／幼魚（2cm）——沖縄本島中部 7m 2011.9.13

●ケサガケベラ／幼魚（3cm）——柏島 12m 2010.8.31

●ケサガケベラ／幼魚（4cm）——柏島 9m 2008.9.7

●ケサガケベラ／若魚（7cm）——石垣島 15m 2010.11.13

[タキベラ属] ●ケサガケベラ

● モンツキベラ／老成魚（25cm）────嘉比島 15m 2011.11.6

モンツキベラ
Bodianus dictynna Gomon, 2006

- ●タイプ産地──── Solomon Islands
- ●英名──────── Pacific Diana's Hogfish
- ●タキベラ属

　本種は幼魚から若魚にかけて、背鰭と臀鰭にそれぞれ2つずつ、胸鰭基部下、腹鰭、尾鰭基底に各1つずつの黒色斑を有する。まるで背鰭の黒色斑がカニの眼のようにも（擬態）見え、泳ぎも上下に跳ねるように泳ぐ。成長にともなって、幼魚から若魚時にみられる体側の白色破線縦帯が消失し、体側上方後部に黒色点が出現する。体側上部の黄色斑はより明瞭になる。潮通しの良い、岩礁、サンゴ礁域で単独で生活する。幼魚は岩礁の亀裂や岩陰、サンゴの間など薄暗い環境に生息する。北西オーストラリアと西太平洋に分布。国内では、南日本太平洋岸、小笠原諸島、琉球列島に生息。

● モンツキベラ／成魚（20cm）────沖縄本島中部 18m 2012.2.7

●モンツキベラ／幼魚（1cm）──柏島 7m 2009.8.23

●モンツキベラ／幼魚（2cm）──柏島 6m 2010.8.31

●モンツキベラ／幼魚（3cm）──沖縄本島中部 13m 2010.9.10

●モンツキベラ／若魚（4cm）──柏島 23m 2011.12.20

●モンツキベラ／若魚（5cm）──柏島 16m 2010.12.17

●モンツキベラ／成魚（10cm）──柏島 17m 2011.3.28

●モンツキベラ／成魚（17cm）──阿嘉島 12m 2011.11.5

【タキベラ属】●モンツキベラ

●ヒオドシベラ／成魚（20cm）――― 久米島 38m 2010.5.2

ヒオドシベラ
Bodianus anthioides (Bennett, 1832)

- ●タイプ産地 ――― Mauritius
- ●英名 ――――― Lyretail Hogfish
- ●タキベラ属

　本種は同属の中でも特に尾鰭がよく伸長する。幼魚時は比較的よく他の魚をクリーニングする。外洋に面した潮通しの良い岩礁域の深場に生息する。幼魚は、成魚よりも浅い水深で、潮の流れが穏やかな場所に生育する。ソフトコーラルなどの隙間で生活する。インド・太平洋に広く分布する。国内では、南日本太平洋岸、伊豆諸島、小笠原諸島、琉球列島に生息する。

●ヒオドシベラ／成魚（16cm）――― 久米島 32m 2010.5.2

●ヒオドシベラ／幼魚（2cm）
ソフトコーラルの間に生息——柏島 17m 2006.11.18

●ヒオドシベラ／幼魚（2cm）
——柏島 28m 2006.11.18

●ヒオドシベラ／幼魚（3.5cm）
——屋久島 20m 2010.6.6

●ヒオドシベラ／幼魚（2.5cm）／クリーニング中——久米島 12m 2010.5.23

●ヒオドシベラ／幼魚（2.5cm）／クリーニング中——久米島 12m 2010.5.23

●ヒオドシベラ／成魚（20cm）——久米島 38m 2010.5.2

【タキベラ属】●ヒオドシベラ

039

●キツネダイ／雄／成魚（40cm）────八丈島 50m 2011.11.28

キツネダイ

Bodianus oxycephalus (Bleeker, 1862)

- ●タイプ産地────Japan
- ●英名─────── Japanese Pigfish
- ●タキベラ属

　雄は成長にともなって体側の赤色斑は不明瞭になり、体側上方の黄色斑が明瞭になる。背鰭中央部に1黒色斑がある。八丈島の成魚は警戒心が薄く、ダイバーに近寄ってくることも少なくない。潮通しの良い、岩礁域サンゴ域の深場に生息する。温帯域に適応し、南日本太平洋沿岸、伊豆諸島、台湾から知られる。

●キツネダイ／雄／成魚（38cm）────八丈島 50m 2011.11.28

● キツネダイ／若魚（18cm）──── 鵜来島 50m 2010.8.30

●キツネダイ／成魚（35cm）──── 宇治群島 KAUM-I.11112

●キツネダイ／雌／成魚（33cm）──── 八丈島 50m 2011.11.28

【タキベラ属】● キツネダイ

041

●アカホシキツネベラ／成魚（22cm）——八丈島 52m 2011.11.28

アカホシキツネベラ
Bodianus rubrisos Gomon, 2006

- ●タイプ産地——Bali, Indonesia
- ●英名————Spotted Lined Hogfish
- ●タキベラ属

　体側に無数の赤色斑が散在しており、一部それらがつながって赤色縦帯を形成する。成長にともなって尾鰭後方上部下部が赤く染まる。八丈島の成魚は警戒心も少なく、ダイバーが巻き上げた砂礫に小動物を探しに寄ってくるほどだ。潮通しの良い、岩礁、サンゴ域の深場に生息する。温帯に適したベラで、八丈島ではコンスタントにみられるが、生息地域でも稀種である。南日本、伊豆諸島、台湾、インドネシアから報告されている。

●アカホシキツネベラ／成魚（30cm）——八丈島 52m 2011.11.28

●スジキツネベラ／若魚（7cm）────伊豆大島 52m　2011.10.17

スジキツネベラ

Bodianus leucostictus (Bennett, 1832)

- ●タイプ産地────Mauritius
- ●英名──────Lined Hogfish
- ●タキベラ属

　本種は幼魚から若魚にかけて、アカホシキツネベラと似るが、体側の赤色縦帯が眼後方から尾鰭基部まで達することから識別される。成魚になっても胸鰭基部にある黒色斑は残るが、他の黒色斑は消失する。外洋に面した潮通しの良い、岩礁、サンゴ礁域の深場に生息する。インド洋南西部と日本からのみ知られている。

●スジキツネベラ／幼魚（3.5cm）────伊豆大島 55m　2011.10.18

【タキベラ属】●アカホシキツネベラ ●スジキツネベラ

043

●タヌキベラ／雄／成魚（23cm）──── 伊豆大島 38m 2010.10.15

タヌキベラ

Bodianus izuensis Araga and Yoshino, 1975

- タイプ産地──── Shizuoka, Japan
- 英名──────── Striped Hogfish
- タキベラ属

　幼魚から若魚は体側に3本の黒色縦帯が入るが、成長にともなって最下縦帯が赤橙色に変化する。主鰓蓋骨上の黒色斑も特徴。雄成魚には眼後上部に黒色斑、その後方にも黒色斑が出現する。また主鰓蓋骨上にある黒色斑が黄色に縁どられる。潮通しの良い岩礁域の、やや深場に生息する。幼魚はサンゴの隙間に身を隠し、他の魚と混泳する。オーストラリア東部、ニューカレドニア、日本からのみ記録されている。

●タヌキベラ／雌／成魚（10cm）──── 柏島 30m 2010.6.27

●タヌキベラ／若魚（7cm）——柏島 28m 2010.8.29

●タヌキベラ／雌／成魚（15cm）——柏島 38m 2009.6.26

[タキベラ属] ● タヌキベラ

●フタホシキツネベラ／雄／成魚（8cm）——柏島 32m 2010.6.27

フタホシキツネベラ
Bodianus bimaculatus Allen, 1973

- ●タイプ産地——Palau
- ●英名————Twospot Hogfish
- ●タキベラ属

　和名と英名のとおり、主鰓蓋骨上方と尾鰭基部に2つの黒色斑があり、成長にともない前者が青緑色斑、後者が赤色斑に変化する。雄は尾鰭基部の斑紋が消失する。本種は体色が黄色い個体が多いが、稀に赤い個体もいる。外洋に面した潮通しの良い、やや深場にハレムを作り生息する。南西インド洋と西太平洋に生息。国内では、南日本太平洋岸、伊豆諸島、小笠原諸島、琉球列島に分布する。

●フタホシキツネベラ／繁殖行動——柏島 22m 2009.8.24 9:44am

●フタホシキツネベラ／幼魚（3cm）──柏島 22m 2009.9.30

●フタホシキツネベラ／若魚（4cm）──伊豆大島 38m 2010.10.16

●フタホシキツネベラ／性転換中の個体（8cm）──柏島 22m 2009.9.30

●フタホシキツネベラ／赤みが強い個体（8cm）──伊豆海洋公園 42m 2011.7.25

●フタホシキツネベラ／雌／成魚（6cm）──伊豆海洋公園 38m 2011.7.26

【タキベラ属】●フタホシキツネベラ

047

●シマキツネベラ／雄／成魚（10cm）──伊豆大島 55m　2010.10.16

シマキツネベラ

Bodianus masudai Araga and Yoshino, 1975

- タイプ産地────Shizuoka, Japan
- 英名──────Masuda's Hogfish
- タキベラ属

　体側は赤地に白色系の3縦帯が走るが、最上縦帯はやや黄色味を帯びる。幼魚は茶色系の地色。若魚は赤褐色の地色に変化し、体側中央にとおる白色縦帯が出現する。潮通しの良い、岩礁、サンゴ礁域の深場に生息する。南北両半球の温帯域に生息する稀種。国内では南日本太平洋岸と伊豆諸島に分布する。

[タキベラ属] シマキツネベラ

●シマキツネベラ／雌／成魚（7cm）──伊豆大島 65m 2009.7.12

●シマキツネベラ／幼魚（3cm） 伊豆海洋公園 62m 2011.7.26

●シマキツネベラ／若魚（5cm）──柏島 60m 2010.12.21

●シマキツネベラ／繁殖行動／背面からみると背鰭縁辺の白色部分が模様のようだ──伊豆大島 55m 2010.10.16 9:13 am

049

● タキベラ属の1種／成魚（7cm）——— 小笠原・父島 40m 2010.7.12

タキベラ属の1種
Bodianus neopercularis Gomon, 2006

- ●タイプ産地——— Marshall Islands
- ●英名——— Thick-striped Hogfish
- ●タキベラ属

　3本の太い赤色縦帯が体側を走り、背鰭、腹鰭、臀鰭、尾鰭にも赤色縦帯がある。主鰓蓋骨上に眼径大の黒色斑がある。標本に基づく日本からの記録はなく、標準和名もない。本種は長い間、*Bodianus opercularis* (Guichenot, 1847) とされてきたが、近年 *B. opercularis* はインド洋に固有の種であることが明らかになり、太平洋個体群は *B. neopercularis* として新種記載された。ダイバーの中ではレッドストライプホグフィッシュと呼ばれている。外洋に面した潮通しの良い、深い水深の岩礁、サンゴ礁域に単独で生息する。稀種。日本を含む西太平洋から報告されている。

【タキベラ属】● タキベラ属の1種

● タキベラ属の1種／成魚（7cm）────小笠原・父島 40m　2010.7.12

● タキベラ属の1種／成魚（7cm）────小笠原・父島 40m　2010.7.12

051

●テレラブルス属の1種（8cm）——柏島 38m 2010.6.12

テレラブルス属の1種
Terelabrus sp.

● 英名 ———— Yellow-stripe Hogfish
● テレラブルス属

　本種は*Terelabrus rubrovittatus* Randall and Fourmanoir, 1998に似るが、体側上部に黄色縦帯が走ることで異なり、未記載種である可能性が高い。外洋に面した、潮通しの良い、岩礁、サンゴ礁の深場に生息する。柏島では春から初夏にかけて数個体が観察される。南日本太平洋岸、伊豆諸島、琉球列島から生息が確認されている。モルディブスレンダーホグフィッシュ（英名Red-lined Hogfish）も本種とは別の未記載種であると考えられている。

【テレラブルス属】● テレラブルス属の1種

● テレラブルス属の1種（6cm）—— 柏島 35m 2008.9.5

● テレラブルス属の1種（8cm）—— 柏島 30m 2009.8.23

●ホシススキベラ／雄／成魚（14cm）──久米島 10m 2010.5.24

ホシススキベラ

Anampses twistii Bleeker, 1856

- タイプ産地──Ambon, Indonesia
- 英名──────Yellowbreasted Wrasse
- ススキベラ属

背鰭と臀鰭の後部それぞれにある1眼状斑は成長しても消失しない。幼魚時の断線状の青色縦帯は、若魚時に明瞭な青色点となり、その後成長とともに薄くなる。成魚は主鰓蓋骨上に黒、緑、橙色が重なるような斑紋を有する。頭部下部から腹部にかけて広がる黄色域は、成長にともない明瞭になる。雄成魚は、吻から胸鰭基部まで太い緑色縦帯が走る。潮通しの良い、岩礁、サンゴ礁域に生息する。幼魚は水深の浅い穏やかな環境で、サンゴなどに身を隠し、群れで生息する。若魚は2匹〜4匹ほどの群れを形成し、岩礁やサンゴを突いているところが頻繁に観察される。インド・太平洋に広く分布する。国内では、南日本太平洋岸、伊豆諸島、小笠原諸島、琉球列島に生息する。

●ホシススキベラ／雄／老成魚（16cm）──屋久島 12m 2010.6.6

●ホシススキベラ／幼魚（2cm）──パラオ 13m 2009.4.7

●ホシススキベラ／幼魚（3cm）──沖縄本島中部 13m 2011.7.8

●ホシススキベラ／若魚（4cm）──阿嘉島 12m 2011.9.9

●ホシススキベラ／若魚（4.5cm）──屋久島 8m 2009.9.6

●ホシススキベラ／若魚（5cm）──屋久島 8m 2010.6.5

●ホシススキベラ／雌／成魚（7cm）──石垣島 10m 2011.6.27

●ホシススキベラ／雌／成魚（9cm）──屋久島 13m 2010.6.6

【ススキベラ属】● ホシススキベラ

055

●ブチススキベラ／雄／成魚（25cm）──久米島 23m 2009.12.10

ブチススキベラ

Anampses caeruleopunctatus Rüppell, 1829

- ●タイプ産地── Red Sea
- ●英名───── Bluespotted Wrasse
- ●ススキベラ属

幼魚から若魚、雌雄の色彩が著しく変化する。雄成魚では、体色がエメラルドグリーンに染まる。体側中央に黄緑色の太い横帯や左右の眼を通る青色帯を有する。雌成魚は体色が赤褐色に染まり、青色の斑点が散在する。若魚は、体色が黒味を帯び、白色点が散在する。幼魚は白系と黒系の体色を示す2タイプが存在する。若魚の頭部側面に散在する青色点は成熟すると青色線になる。幼魚や雌成魚はごく普通種にみられるが、雄成魚は稀。外洋に面した、潮通しの良い、岩礁、サンゴ礁域に生息する。幼魚は水深の浅いサンゴ礁域で、浮遊物のようにヒラヒラと尾鰭をくねらせ、潮の流れに乗って泳ぐ。ハワイを除くインド・太平洋に広く分布する。国内では、南日本太平洋岸、伊豆諸島、小笠原諸島、琉球列島に生息する。

●ブチススキベラ／雌／成魚（20cm）／コガシラベラの群れに寄っていき、クリーニングをねだる──石垣島 10m 2011.6.27

●ブチススキベラ／幼魚（1.5cm）／白色タイプ
——屋久島 2m 2010.6.8

●ブチススキベラ／幼魚（3cm）／白色タイプ
——柏島 8m 2010.6.29

●ブチススキベラ／幼魚（1.5cm）／黒色タイプ
——屋久島 2m 2010.6.6

●ブチススキベラ／幼魚（3cm）／黒色タイプ
——屋久島 3m 2010.8.15

●ブチススキベラ／若魚（5cm）
——屋久島 8m 2010.6.7

●ブチススキベラ／雌（8cm）
——屋久島 8m 2011.8.13

●ブチススキベラ／雌（10cm）
——沖縄本島中部 13m 2012.1.28

●ブチススキベラ／雌／成魚（15cm）——屋久島 15m 2009.9.7

[ススキベラ属] ●ブチススキベラ

057

●クロフチススキベラ／雄／成魚（16cm）／婚姻色——柏島 23m 2009.8.23

クロフチススキベラ

Anampses melanurus Bleeker, 1857

- タイプ産地──Ambon, Indonesia
- 英名────Blacktail Wrasse
- ススキベラ属

　雄は主鰓蓋骨後方から尾鰭基部まで体側中央部が黄色く染まる。雌はホクトベラの雌に似るが、後者の尾鰭は黄色一色に染まるのに対し、本種の雌では名前のとおり尾鰭後縁が黒色に縁どられることから区別される。雄雌共に主鰓蓋骨上に黒色斑がある。幼魚はブチススキベラの幼魚に似るが、本種では体側中央に白色横帯があることから容易に識別される。頭部が白色がかり、体側の黄色縦帯がより鮮やかになるのが婚姻色。潮通しの良い、砂地、岩礁、サンゴなどが混じる斜面などのやや深場でハレムを作り生息する。ベラ科他種とも群れる。ハワイを除く太平洋とオーストラリア北西部に分布する。国内では南日本太平洋岸、伊豆諸島、小笠原諸島、琉球列島に生息する。

●クロフチススキベラ／若魚から雌成魚で形成される群れ
——阿嘉島 18m 2011.9.9

●クロフチススキベラ／幼魚（2cm）——柏島 10m 2009.7.27 　　●クロフチススキベラ／幼魚（3cm）——柏島 13m 2010.6.28 　　●クロフチススキベラ／幼魚（3cm）——柏島 10m 2009.7.26

●クロフチススキベラ／幼魚（4cm）——伊豆大島 10m 2010.10.15 　　●クロフチススキベラ／若魚（5cm）——伊豆大島 15m 2010.10.16

●クロフチススキベラ／雄／成魚（12cm）——柏島 20m 2011.4.12 　　●クロフチススキベラ／雄／成魚（14cm）／婚姻色——柏島 28m 2011.3.28

●クロフチススキベラ／雌／成魚（10cm）——屋久島 18m 2011.9.9

【ススキベラ属】● クロフチススキベラ

●ホクトベラ／雄／成魚（22cm）／婚姻色──嘉比島 23m 2011.11.6

ホクトベラ
Anampses meleagrides (Valenciennes, 1840)

- タイプ産地──── Mauritius
- 英名────────── Spotted Wrasse
- ススキベラ属

●ホクトベラ／雄／成魚（23cm）／普通の状態
──久米島 23m 2010.5.24

●ホクトベラ／繁殖行動──屋久島 18m 2011.8.14 1:41 pm

　本種の雌はクロフチススキベラの雌に似るが、尾鰭が黄色一色で染まるため容易に識別される。吻が白味を帯びるのも特徴の一つ。雄成魚はムシベラの雄に似るが、前者の方が体高が低く、背鰭、臀鰭、尾鰭の模様で区別される。幼魚から若魚にかけて背鰭と臀鰭の後部にそれぞれ1眼状斑があるが、成長にともなってそれらは消失する。若魚と雌成魚は生息地では普通にみられるが、雄は少なく、行動範囲も広い。外洋に面した潮通しの良い、岩礁、サンゴ礁域に生息する。インド・太平洋に広く分布する。国内では、南日本太平洋岸、伊豆諸島、小笠原諸島、琉球列島に生息する。

●ホクトベラ／幼魚（2cm）——柏島 14m 2009.7.27

●ホクトベラ／若魚（4cm）——小笠原・父島 12m 2010.7.10

●ホクトベラ／若魚（6cm）——柏島 10m 2011.12.18

●ホクトベラ／若魚（7cm）——柏島 18m 2009.7.26

●ホクトベラ／若魚（8cm）／臀鰭後部の眼状斑が消えた個体——柏島 14m 2010.6.28

●ホクトベラ／性転換中個体（12cm）——パラオ 14m 2009.4.5

●ホクトベラ／雌／成魚（15cm）——久米島 15m 2010.5.24

【ススキベラ属】●ホクトベラ

●ムシベラ／雄／成魚（22cm）──屋久島 14m 2011.12.10

ムシベラ

Anampses geographicus Valenciennes, 1840

- ●タイプ産地──Indian Ocean
- ●英名────Geographic Wrasse
- ●ススキベラ属

●ムシベラ／雄／成魚（20cm）／婚姻色──沖縄本島中部 5m 2011.7.9

幼魚は半透明な体色に薄茶色の横帯を有し、背鰭と臀鰭の後部には明瞭な眼状斑がる。若魚から雌でも背鰭と臀鰭の眼状斑は残るが、雄成魚では消失する。雄成魚はホクトベラの雄に似るが、体高が高く、尾鰭の模様でも区別することができる。婚姻色発色時は、頭部が赤く染まり、体側中央のやや後方に白色横帯が現れる。潮通しの良い、岩礁、サンゴ礁域に単独で生息する。幼魚は、水深の浅い場所で他のベラやブダイの幼魚と群れる。西オーストラリアと西太平洋に分布する。国内では、南日本太平洋岸、伊豆諸島、小笠原諸島、琉球列島でみられる。

●ムシベラ／幼魚（1.5cm）――屋久島 2m 2010.6.8

●ムシベラ／若魚（4cm）――柏島 6m 2010.10.24

●ムシベラ／雌（6cm）――屋久島 8m 2011.12.10

●ムシベラ／雌／成魚（10cm）――屋久島 8m 2010.6.7

●ムシベラ／雌／成魚（12cm）――屋久島 12m 2011.8.13

【ススキベラ属】●ムシベラ

063

●ニューギニアベラ／雄／成魚（15cm）／婚姻色──屋久島 14m 2011.12.12

ニューギニアベラ

Anampses neoguinaicus Bleeker, 1878

- タイプ産地──New Guinea
- 英名────New Guinea Wrasse
- ススキベラ属

幼魚から若魚、雌には背鰭後部と臀鰭後部に眼状斑がある。雌成魚は主鰓蓋骨上に黒色斑がある。頭頂部や下顎から腹鰭にかけて赤く染まるのが婚姻色。稀種だが、屋久島ではコンスタントに若魚から雄雌成魚がみられる。潮通しの良い、岩礁、サンゴ礁域にハレムを作って生息する。南日本からオーストラリア東部にかけての西太平洋に分布する。

●ニューギニアベラ／幼魚（2.5cm）——屋久島 12m 2009.9.7

●ニューギニアベラ／幼魚（3.5cm）——屋久島 12m 2009.9.7

●ニューギニアベラ／雄／成魚（15cm）——屋久島 18m 2009.9.7

●ニューギニアベラ／繁殖行動——屋久島 18m 2009.9.7 12:24 pm

●ニューギニアベラ／雌／成魚（8cm）——屋久島 14m 2011.12.12

【ススキベラ属】●ニューギニアベラ

065

●カマスベラ／雄／老成魚（45cm）──沖縄本島中部 15m 2010.9.10

カマスベラ
Cheilio inermis (Forsskål, 1775)

- タイプ産地──Red Sea
- 英名────Cigar Wrasse
- カマスベラ属

　和名のとおり、カマスに似た細長い体が特徴。幼魚から若魚にかけては藻場で擬態し身を潜めている。雄成魚では体側中央部に暗色斑がある。成魚は、底生の小動物を掘り捕食するヒメジ科の魚と群れるところが多く観察される。周辺環境による色彩変異も豊富だ。セブ島では20個体以上の雌が群れを形成し雄が求愛する場面も確認できた。ガレ場、岩礁、海草域、サンゴ礁域などに生息する。インド・太平洋に広く分布する。国内では、南日本太平洋岸、伊豆諸島、小笠原諸島、琉球列島に生息する。

●カマスベラ／雌の群れ──セブ島 8m 2012.6.11

● カマスベラ／幼魚（1cm）──西表島 2m 2009.6.12 　●カマスベラ／幼魚（2cm）──石垣島 8m 2011.6.24 　●カマスベラ／幼魚（3cm）──石垣島 8m 2011.6.24

● カマスベラ／若魚（5cm）──伊豆大島 14m 2010.10.27 　●カマスベラ／若魚（10cm）──屋久島 16m 2009.9.6

● カマスベラ／雌／成魚（20cm）──石垣島 8m 2011.6.24 　●カマスベラ／黄化個体（25cm）──屋久島 12m 2011.12.12

【カマスベラ属】● カマスベラ

● カマスベラ／雌／成魚（25cm）──屋久島 13m 2009.9.6

Cheilio 067

●クギベラ／雄／成魚（23cm）——石垣島 8m 2010.11.14

クギベラ

Gomphosus varius Lacepède, 1801

- ●タイプ産地——Tahiti, Society Islands
- ●英名————Bird Wrasse
- ●クギベラ属

　幼魚は2本の黒色縦帯がそれぞれ吻と下顎から尾鰭基部まで走り、上方黒縦帯より上は緑色を呈し、上方黒縦帯より下は白色。雌の体は前方が白く、後方に向かって段階的に黒色を帯びる。雌の臀鰭には緑色斑がある。雄は全体的に体色が青色や緑色を帯びる。胸鰭を上下に動かし泳ぐ姿や長い口でサンゴの間をつつくところがよく観察されるが、それは花の蜜を吸う小鳥のようで愛らしい。潮通しの良いガレ場、岩礁、サンゴ礁域に生息する。東インド洋と太平洋に分布する。国内では南日本太平洋岸、伊豆諸島、小笠原諸島、琉球列島に生息する。

●クギベラ／繁殖行動——石垣島 3m 2011.11.2 3:41 pm

●クギベラ／幼魚（2cm）——阿嘉島 3m 2011.9.11
●クギベラ／幼魚（3cm）——阿嘉島 5m 2011.11.6 
●クギベラ／幼魚（4cm）——沖縄本島中部 13m 2008.11.5 
●クギベラ／若魚（7cm）——阿嘉島 5m 2011.9.12 
●クギベラ／雌／成魚（10cm）——屋久島 8m 2010.6.8 
●クギベラ／性転換中（15cm）——久米島 5m 2009.12.9 
●クギベラ／雌／成魚（12cm）——阿嘉島 3m 2011.9.11 

【クギベラ属】●クギベラ

Gomphosus 069

●タレクチベラ／老成魚（60cm）──西表島 23m 2009.6.16

タレクチベラ

Hemigymnus melapterus (Bloch, 1791)

- タイプ産地────Japan
- 英名──────Blackeye Thicklip
- タレクチベラ属

●タレクチベラ／成魚（45cm）──久米島 16m 2009.12.11

●タレクチベラ／砂を吐き出す成魚（40cm）──石垣島 12m 2012.4.7

　名前のとおり、大きく分厚くたれる唇が特徴。幼魚はシマタレクチベラに似るが、体側中央よりやや前方で背鰭から腹鰭にかけての伸びる白色横帯が他の横帯より幅広いことから識別される。若魚から成魚にかけては白色横帯の前方が白、後方が黒味を帯びるようになる。老成魚は全体的に緑色を呈する。底砂を口ですくいこみ、底生小動物を食べ砂を吐き出す場面がよく観察される。潮通しの良い、岩礁、ガレ場、サンゴ礁域に生息する。インド・西太平洋に分布する。国内では、南日本の太平洋岸、琉球列島に生息する。

● タレクチベラ／幼魚（1.5cm）
──沖縄本島中部 8m 2010.7.25

● タレクチベラ／幼魚（3cm）
──柏島 3m 2010.10.25

● タレクチベラ／幼魚（4cm）
──柏島 12m 2009.10.26

● タレクチベラ／若魚（8cm）──屋久島 9m 2011.8.13

● タレクチベラ／若魚（28cm）／カニ捕食中──沖縄本島中部 16m 2011.9.14

【タレクチベラ属】● タレクチベラ

● タレクチベラ／成魚（40cm）──石垣島 12m 2012.4.7

Hemigymnus

●シマタレクチベラ／雄／老成魚（35cm）――― 久米島 15m 2009.12.10

シマタレクチベラ
Hemigymnus fasciatus (Bloch, 1792)

- ●タイプ産地――― Japan
- ●英名――― Barred Thicklip
- ●タレクチベラ属

●シマタレクチベラ／雄／成魚（28cm）／婚姻色――― 久場島 16m 2011.11.6

　名前のとおり、体側に明瞭な縞状の横帯が並び、成長とともに唇が厚くたれる。本種はタレクチベラに似るが、横帯数が多いことから容易に識別可能。成魚は、ウニや貝などの硬いものまで割って食べる。潮通しの良い、ガレ場、岩礁、サンゴ礁域に生息する。初夏から秋にかけてサンゴの隙間などでクネクネ泳ぐ幼魚の姿が観察される。ハワイを除くインド・太平洋に広く分布。国内では、南日本太平洋岸、小笠原諸島、琉球列島に生息する。

●シマタレクチベラ／幼魚／生活環境――― 久場島 16m 2011.11.6

●シマタレクチベラ／幼魚（1.5cm）——柏島 3m 2010.6.28

●シマタレクチベラ／幼魚（3cm）——沖縄本島中部 12m 2010.7.25

●シマタレクチベラ／幼魚（4cm）——阿嘉島 6m 2011.9.11

●シマタレクチベラ／若魚（6cm）——屋久島 12m 2009.9.6

●シマタレクチベラ／若魚（8cm）——沖縄本島中部 11m 2010.7.25

●シマタレクチベラ／雌（15cm）——西表島 18m 2009.6.14

●シマタレクチベラ／雌／成魚（22cm）／繁殖行動——久場島 16m 2011.11.6 12:02 pm

【タレクチベラ属】●シマタレクチベラ

Hemigymnus 073

●ソメワケベラ／成魚（10cm）──沖縄本島中部 8m 2012.1.28

ソメワケベラ

Labroides bicolor Fowler and Bean, 1928

- ●タイプ産地────Philippines
- ●英名──────Bicolor Cleaner Wrasse
- ●ソメワケベラ属

●ソメワケベラ／幼魚（3cm）／クリーニング中
──沖縄本島中部 13m 2010.9.9

　本種の幼魚はホンソメワケベラの幼魚に似るが、前者は黄色縦帯、後者は青色縦帯を有することによって区別される。成魚になると縦帯は消失し、和名のとおり体側中央部を境に前方は青く、後方は黄色く染め分けられる。ガレ場、岩礁、サンゴ礁域に生息する。ホンソメワケベラと習性は似ているが、ソメワケベラは成長にともない、行動範囲が広くなり、クリーニングする行動も少なくなる。単独で泳ぐ。幼魚は、岩陰や洞窟など、薄暗い場所で観察される。ホンソメワケベラほど懸命にクリーニングをしない。ペルシャ湾とハワイを除くインド・太平洋に分布する。国内では、南日本太平洋岸、伊豆諸島、小笠原諸島、琉球列島に生息する。

●ソメワケベラ／幼魚（1cm）——沖縄本島中部 8m 2011.9.14

●ソメワケベラ／幼魚（3cm）——沖縄本島中部 13m 2010.9.9

●ソメワケベラ／幼魚（4cm）——屋久島 4m 2010.6.7

●ソメワケベラ／若魚（6cm）——阿嘉島 6m 2011.9.11

●ソメワケベラ／成魚（7cm）——阿嘉島 6m 2011.9.12

●ソメワケベラ／成魚（8cm）——屋久島 13m 2009.3.21

●ソメワケベラ／成魚（10cm）——屋久島 13m 2011.8.13

【ソメワケベラ属】●ソメワケベラ

Labroides

●ホンソメワケベラ／成魚（7cm）——屋久島 10m 2010.6.6

ホンソメワケベラ

Labroides dimidiatus
(Valenciennes, 1839)

- ●タイプ産地——Red Sea
- ●英名————Striped Cleaner Wrasse
- ●ソメワケベラ属

雄雌の体色には差異がみられない。幼魚は体色が黒く、吻端から体側上方を通り尾鰭後縁上方に達する青色縦帯が伸びる。成魚には背鰭前部に黒色斑がある。ソメワケベラ属は、他の魚の体表や、口内、鰓、鰭などに付着する寄生虫を食すクリーナーとして有名。本属が生息する場所は、さまざまな魚が訪れるためクリーニングステーションと呼ばれる。口の大きな大型魚をクリーニングする際には、口の中に入り、鰓から出てくる場面などもみられる。また、ダイバーの露出する足首や手などもクリーニングすることがある。2011年11月に石垣島の水深8m付近で、私の広げた左手（20cm）より大きいホンソメワケベラが確認された。この属の中で、本種が一番クリーニングし、他の魚達からも、ダイバーからも人気。岩礁、サンゴ礁域に生息する。ハワイを除くインド・太平洋に広く分布する。国内では、南日本太平洋岸、伊豆諸島、小笠原諸島、琉球列島に生息する。

●ホンソメワケベラ／成魚（7cm）——石垣島 12m 2012.4.6

●ホンソメワケベラ／幼魚（1cm）——柏島 15m 2008.5.31

●ホンソメワケベラ／幼魚（2cm）——屋久島 15m 2011.12.10

●ホンソメワケベラ／若魚（3cm）——石垣島 10m 2011.6.27

●ホンソメワケベラ／若魚（4cm）——伊豆大島 15m 2010.16

●ホンソメワケベラ／雄同士のケンカ——柏島 8m 2010.4.25

●ホンソメワケベラ／雌雄／繁殖行動——柏島 10m 2010.8.31 3:18 pm

●珍しいホンソメワケベラ同士のクリーニング——沖縄本島中部 12m 2011.7.9

【ソメワケベラ属】●ホンソメワケベラ

Labroides 077

●ホンソメワケベラにクリーニングしてもらう魚達は鰭や口鰓などを全開にし気持ち良さそうな表情と体色になる

078 *Labroides*

●スミツキソメワケベラ／成魚（6cm）──小笠原・母島 15m 2010.7.10

スミツキソメワケベラ
Labroides pectoralis Randall and Springer, 1975

- タイプ産地──Palau
- 英名────Breastspot Cleaner Wrasse
- ソメワケベラ属

　本種はホンソメワケベラに似るが、吻端から体側背側方まで伸びる縦帯が薄黄から橙色を帯びること、胸鰭基部下方に1黒色斑を有することから区別される。南鳥島のみから記録されている近縁種のクチベニソメワケベラは、胸鰭基部下方の黒色斑がない。潮通しの良い外洋に面したサンゴ礁域に生息する。習慣はホンソメワケベラと同様で、クリーニングをする。日本では稀種だが、小笠原諸島ではごく普通にみられる。北西オーストラリアと西太平洋に分布する。国内では小笠原諸島からのみ記録されている。

●スミツキソメワケベラ／成魚（5cm）──小笠原・父島 12m 2010.7.10

Labroides 079

●クロベラ／雄／成魚（13cm）／婚姻色──竹富島 13m 2011.6.26

クロベラ
Labrichthys unilineatus (Guichenot, 1847)

- タイプ産地──Guam
- 英名────Tubelip Wrasse
- クロベラ属

　雄は体側前部に幅広い黄色横帯がある。幼魚から若魚にかけては、紺色の体色に上顎から尾鰭中央部にかけて細い白色縦帯が走る。眼下部にもその白色縦帯が走る。若魚から成魚にかけて体側に細い青色縦帯が多数出現する。雌は口と尾柄部が黄色を帯びる。幼魚は他の魚をクリーニングすることもある。潮通しの良い、岩礁、サンゴ礁域に生息する。特に枝サンゴ系を好み、雄がサンゴの隙間などで雌に求愛する場面が観察される。インド・西太平洋に分布する。国内では、南日本太平洋岸、小笠原諸島、琉球列島に生息する。

●クロベラ／雄／老成魚（15cm）──屋久島 8m 2009.9.6

●クロベラ／幼魚（3cm）──嘉比島 8m 2011.11.6

●クロベラ／幼魚（4cm）──屋久島 8m 2011.12.10

●クロベラ／若魚（5cm）──屋久島 8m 2010.6.5

●クロベラ／雌／成魚（8cm）──阿嘉島 5m 2011.9.14

●クロベラ／雌／成魚（7cm）──西表島 12m 2009.6.14

【クロベラ属】●クロベラ

Labrichthys 081

●マナベベラ／雄／老成魚（14cm）──屋久島 13m 2011.12.10

マナベベラ

Labropsis manabei Schmidt, 1931

- タイプ産地──Okinawa, Japan
- 英名────Rust-blotch Wrasse
- マナベベラ属

　雄成魚の体色は全体的に茶色味を帯び、体側に橙色域があるが、橙色域の位置や大きさは個体によって変異がある。吻端、背鰭、腹鰭、臀鰭、尾鰭の縁は明るい青色を呈する。幼魚は地色が黒色で、2本の明瞭な白色縦帯が吻から尾鰭へ伸び、尾鰭の白色の縁どりとつながる。成長にともない、白色縦帯や縁どりは消失する。潮通しの良い、岩礁、サンゴ礁域でハレムを形成する。幼魚は、サンゴの間などで生活し、他の魚をクリーニングする。南東インド洋と西太平洋に分布。国内では南日本太平洋岸、小笠原諸島、琉球列島に生息する。

●マナベベラ／雄／成魚（12cm）──石垣島 8m 2011.6.26

●マナベベラ／繁殖行動──屋久島 8m 2010.6.5 12:10 pm

●マナベベラ／幼魚（1.5cm）／他の魚をクリーニングする────屋久島 12m 2011.8.14

●マナベベラ／幼魚（2cm）────石垣島 7m 2011.6.26

●マナベベラ／幼魚（3cm）────屋久島 12m 2009.9.6

●マナベベラ／幼魚（4cm）────石垣島 6m 2010.11.14

●マナベベラ／若魚（5cm）────石垣島 12m 2010.11.14

●マナベベラ／若魚（6cm）────柏島 12m 2011.10.2

●マナベベラ／雌／成魚（8cm）────屋久島 14m 2010.6.5

【マナベベラ属】●マナベベラ

Labropsis 083

●ミヤケベラ／雄／成魚（10cm）──── 阿嘉島 15m 2011.9.11

ミヤケベラ

Labropsis xanthonota Randall, 1981

● タイプ産地────American Samoa
● 英名─────Yellowback Tubelip
● マナベベラ属

幼魚は体色が紺色を呈し、体側に白色縦帯が走る。若魚は白色縦帯が不明瞭になり、背鰭とその基底付近が黄色味を帯び、背鰭前部に1黒色斑が出現する。その後、成長にともなって、縦帯が消失し、橙色点が散在するようになる。雄は主鰓蓋骨後縁に沿って黄色帯が入り、尾鰭の上葉と下葉が伸長する。外洋に面した潮通しの良い、サンゴ礁域に生息する。行動範囲はあまり広くなく、テリトリーをもち、定期的に数匹の雌に寄り添うように泳ぐ。幼魚はサンゴの隙間に身を隠し、他の魚をクリーニングする。日本ではやや稀種で、雄成魚は特に稀。インド・西太平洋に分布する。国内では、南日本太平洋岸、小笠原諸島、琉球列島に生息する。

●ミヤケベラ／体を震わせ雌にアピールする雄／婚姻色
────阿嘉島 15m 2011.9.11

●ミヤケベラ／幼魚（1.5cm）──久米島 8m 2010.5.23

●ミヤケベラ／若魚（4cm）──屋久島 16m 2009.9.6

●ミヤケベラ／雌／成魚（6cm）──屋久島 13m 2010.6.7

●ミヤケベラ／繁殖行動──阿嘉島 8m 2011.9.11 4:40 pm

【マナベベラ属】●ミヤケベラ

●ミヤケベラ／雌／成魚（8cm）──阿嘉島 15m 2011.9.11

Labropsis 085

●オハグロベラ／雄／成魚（18cm）／婚姻色───伊豆海洋公園 15m 2009.7.4

オハグロベラ

Pteragogus aurigarius (Richardson, 1845)

- ●タイプ産地──── Near Canton, China
- ●英名─────── Malachite Wrasse
- ●オハグロベラ属

　通常の体色は海藻に似た赤茶系だが、婚姻色はトウモロコシのような色模様で金色に光る。雄は背鰭第1,2棘が伸びる。水深が浅い海藻域や岩礁域などの潮流れが穏やかな環境に生息する普通種で、ハレムを形成する。東アジアの固有種。国内では南日本の太平洋・日本海、伊豆諸島に分布する。

●オハグロベラ／雄／成魚（15cm）
───伊豆海洋公園 18m 2009.7.11

●オハグロベラ／雌／成魚（10cm）
喧嘩シーン───伊豆大島 18m 2011.10.16

●オハグロベラ／雄／成魚（17cm）
───伊豆海洋公園 3m 2011.7.25

●オハグロベラ／若魚（3cm）── 柏島 8m 2011.10.3 　●オハグロベラ／若魚（5cm）── 伊豆大島 8m 2010.10.15 　●オハグロベラ／若魚（6cm）── 柏島 8m 2011.3.27

砂地で横たわるオハグロベラはスナイソギンチャクに共生するエビにクリーニングをしてもらっている　　　　カニを捕食（カニを銜え、岩などにカニを叩きつけ食べる）
●オハグロベラ／雌／成魚── 伊豆大島 13m 2011.10.16　　　　●オハグロベラ／雌／成魚── 伊豆大島 13m 2011.10.16

【オハグロベラ属】●オハグロベラ

●オハグロベラ／雌／成魚（10cm）── 伊豆海洋公園 12m 2009.7.4

Pteragogus　087

●オハグロベラ属の1種-1／雄／成魚（18cm）──屋久島 13m 2009.9.14

オハグロベラ属の1種-1
Pteragogus enneacanthus (Bleeker, 1853)

- ●タイプ産地──Ambon, Indonesia
- ●英名────Cockerel Wrasse
- ●オハグロベラ属

　標準和名が無いこの種は、ダイバーによってCockerel Wrasse（コッカレルラス）と呼ばれている。オハグロベラ属の1種-2と似るが、上下唇が白味を帯びること、体側に白色縦帯が通ることで識別される。また、本種の方が大きく成長する。水中が薄暗くなる夕方に求愛産卵行動が確認された。警戒すると海草の中にすぐ隠れるため、前身の姿を目にするのには難しい。潮通しの良い、岩礁、海草域に生息する。南東インド洋と西太平洋に分布し、国内では南日本太平洋岸と琉球列島から生息が確認されている。

●オハグロベラ属の1種-1／若魚（4cm）──屋久島 8m 2011.12.10 
●オハグロベラ属の1種-1／若魚（8cm）──屋久島 16m 2009.9.6

●オハグロベラ属の1種-1／雌／成魚（13cm）──沖縄本島中部 16m 2012.1.30 
●オハグロベラ属の1種-1／雄／成魚（15cm）──屋久島 13m 2009.9.6

●オハグロベラ属の1種-1／雌／成魚（15cm）──屋久島 13m 2009.9.6

【オハグロベラ属】● オハグロベラ属の1種-1

Pteragogus 089

●オハグロベラ属の1種-2／成魚（8cm）——屋久島 11m 2011.12.10

オハグロベラ属の1種−2
Pteragogus sp.2

- 英名————— Bluespot Sneaky Wrasse
- オハグロベラ属

　まだ標準和名がないこの種は、Sneaky Wrasse（スニーキーラス）とダイバーに呼ばれている。同属の1種−1に似るが、体側下部に白色縦帯がないことで区別される。オハグロベラ属の1種−1よりも小型で神経質だ。*Pteragogus cryptus* Randall, 1981に似るが、*P. cryptus*は紅海の固有種で、本種は未記載種であると考えられている。本種はしばしば*Pteragogus nematopterus* (Bleeker, 1851)と同定されることがあるが、後者は*Pteragogus flagellifer* (Valenciennes, 1839)の新参同物異名であると考えられている。他のオハグロベラ属と同様に海草の間に身を隠し単独で生活する。擬態も上手く、生活する海草の色や環境により、体色の変化もはげしい。国内では南日本太平洋岸、琉球列島に分布する。

●オハグロベラ属の1種-2／若魚（4cm）──マクタン島 7m 2010.3.9

●オハグロベラ属の1種-2／成魚（6cm）──石垣島 12m 2011.11.2

●オハグロベラ属の1種-2／成魚（7cm）──石垣島 12m 2011.11.2

【オハグロベラ属】● オハグロベラ属の1種-2

Pieragogus　091

●アカササノハベラ／雄／成魚（25cm）────伊豆大島 20m 2010.10.17

アカササノハベラ

Pseudolabrus eoethinus (Richardson, 1846)

- ●タイプ産地────Canton, China
- ●英名─────Canton Wrasse
- ●ササノハベラ属

　雄は体後半部が黄色味を帯び、産卵時期を迎えるとより黄色味が強くなる。老成すると頭部と背鰭始部の間が張り出してくる。若魚は体の赤みが強く、雌成魚は成長にともない茶色味を帯びる。これまでササノハベラと呼ばれていたものは、1997年に本種とホシササノハベラの2種に分類された。関西ではイソベラとも呼ばれ、釣り人に人気。ガレ場、ゴロタ、岩礁域に生息する普通種。日本、中国、台湾に分布する東アジアの固有種。

●アカササノハベラ／雄／老成魚（28cm）────伊豆大島 18m 2010.10.15

●アカササノハベラ／若魚（3cm）──小笠原・父島 15m 2010.7.12

●アカササノハベラ／若魚（5cm）──柏島 22m 2011.12.20

●アカササノハベラ／雌／成魚（12cm）──屋久島 7m 2011.12.9

●アカササノハベラ／雄／成魚（18cm）──柏島 22m 2011.12.20

【ササノハベラ属】●アカササノハベラ

●アカササノハベラ／雌／成魚（15cm）──柏島 13m 2010.6.29

Pseudolabrus 093

●ホシササノハベラ／雄／成魚（25cm）──── 伊豆大島 42m　2010.10.16

ホシササノハベラ

Pseudolabrus sieboldi
Mabuchi and Nakabo, 1997

- タイプ産地──── Ehime, Japan
- 英名──────── Siebold's Wrasse
- ササノハベラ属

　以前はササノハベラと呼ばれていたが、1997年にホシササノハベラとアカササノハベラの2種に分けられた。本種はアカササノハベラに似るが、体側上部に白色斑があること、眼から後方に伸びる縦線が胸鰭基部に達しないことなどから識別される。若魚は体色が桜色に染まり、白色斑が小さい。潮通しの良い、岩礁、砂地、サンゴ域に生息する。砂地ではヒメジ科の魚と一緒に泳ぎ、ヒメジが砂底をヒゲで探り底生小動物を探す際におこぼれをもらおうとする場面がよく観察される。韓国南部から台湾に分布。国内では伊豆諸島、南日本太平洋岸、屋久島に生息する。

● ホシササノハベラ／若魚（5cm）──伊豆海洋公園 33m 2011.7.25

● ホシササノハベラ／雌／成魚（15cm）──伊豆大島 38m 2010.10.17

● ホシササノハベラ／雄／成魚（22cm）──伊豆大島 38m 2010.10.16

● ホシササノハベラ／雄／成魚（28cm）／婚姻色──神奈川県・早川 12m 2011.10.19

●ホシササノハベラ／雌／成魚（18cm）──伊豆大島 40m 2010.10.16

【ササノハベラ属】● ホシササノハベラ

Pseudolabrus 095

●イトベラ／雄／成魚（10cm）──柏島 38m 2009.6.30

イトベラ

Suezichthys gracilis (Steindachner and Döderlein, 1887)

- タイプ産地──Tokyo Bay, Japan
- 英名────Slender Wrasse
- イトベラ属

　幼魚はキスジキュウセンに似るが、イトベラの尾鰭基部にある黒色斑が中央よりやや上にあることで区別される。成熟した雄の尾鰭には矢状の模様が入る。潮通しの良いゴロタ、砂地、岩礁域などのやや深場に生息する。イトベラ属は、やや低い水温の深場を好むようだ。韓国からベトナムにかけての東アジアに分布。北西インド洋の個体群が同種かどうか今後の検討が必要である。国内では南日本太平洋岸、伊豆諸島、小笠原諸島、琉球列島から知られている。

●イトベラ／性転換中（9cm）──柏島 23m 2010.10.25

●イトベラ／幼魚（3cm）———伊豆海洋公園 28m 2011.7.24

●イトベラ／若魚（4cm）———伊豆海洋公園 28m 2011.7.24

●イトベラ／雌／成魚（7cm）———柏島 32m 2011.10.3

●イトベラ／雌／成魚（8cm）———柏島 15m 2009.7.15

【イトベラ属】●イトベラ

●イトベラ／雌／成魚（8cm）———伊豆大島 32m 2011.10.17

●アデイトベラ／雌／成魚（7cm）──小笠原・父島 28m 2010.7.10

アデイトベラ

Suezichthys arquatus Russell, 1985

- ●タイプ産地────Poor Knights Islands, New Zealand
- ●英名──────Rainbow Wrasse
- ●イトベラ属

　体側下部に規則正しく並ぶ水玉模様が特徴。潮通しの良い岩礁、砂地が混在する環境に生息。若魚から雌の個体は群れを形成する。比較的深い水深に生息するベラだが、小笠原ではやや浅場でもみられる。稀種。雄成魚は特に数が少ない。赤道付近を除く西太平洋に分布する。国内では南日本太平洋沿岸、伊豆諸島、小笠原諸島に生息。

●アデイトベラ／雌／成魚（8cm）──伊豆海洋公園 40m 2011.7.25

●セグロイトベラ／雌／成魚（10cm）──伊豆大島 38m 2011.10.17

セグロイトベラ

Suezichthys soelae Russell, 1985

- ●タイプ産地──Northwestern Australia
- ●英名────Soela Wrasse
- ●イトベラ属

　雄成魚は尾鰭上部から中心部にかけて斜めに黒色線が走る。環境や状態によって体色が変化する。比較的深い水深の砂地に点在する海草域や岩礁域に生息する。稀種。オーストラリア北西部と日本からのみ知られている。国内では南日本太平洋岸、伊豆諸島、小笠原諸島、琉球列島に分布する。

●セグロイトベラ／若魚（6cm）──柏島 33m 2008.12.12

●カミナリベラ／雄／成魚（9cm）——柏島 8m 2009.7.11

カミナリベラ

Stethojulis terina Jordan and Snyder, 1902

- タイプ産地 —— Kanagawa, Japan
- 英名 —— Japanese Ribbon Wrasse
- カミナリベラ属

●カミナリベラ／雄／老成魚（13cm）——屋久島 8m 2010.6.5

　雄は尾柄部に明瞭な黒色縦帯斑を有することから同属他種と区別される。雌は黒色縦帯が胸鰭基部から体側中央付近まで伸びることや体側下半部に黒色点が鱗列に沿って並ぶことによって特徴づけられる。若魚は他のベラと似るが、上顎から眼下を通り胸鰭基部に達する青色線を有することで区別される。幼魚は背鰭後部に1眼状斑、尾鰭基部に1黒色斑を有する。ゴロタ、岩礁、海藻域、サンゴ礁域の比較的浅い場所に生息する。カミナリベラ属の中で唯一温帯にも適応した種で、本州ではごく普通にみられる。東アジアの固有種。国内では南日本、伊豆諸島、小笠原諸島、琉球列島に生息する。

●カミナリベラ／雌（6cm）／他のベラ達と群れる
——伊豆大島 7m 2010.10.15

●カミナリベラ／幼魚(1cm) ──伊豆海洋公園 15m 2011.7.26　　●カミナリベラ／幼魚(2.5cm) ──柏島 10m 2009.7.27　　●カミナリベラ／若魚(4cm) ──伊豆大島 5m 2010.10.16

●カミナリベラ／若魚(5cm) ──沖縄本島中部 13m 2011.7.8　　●カミナリベラ／若魚(6cm) ──屋久島 5m 2011.8.15　　●カミナリベラ／雌／成魚(6cm) ──柏島 12m 2008.9.7

●カミナリベラ／性転換中(8cm) ──柏島 5m 2010.10.25　　●カミナリベラ／雄／成魚(8cm) ──柏島 12m 2009.9.30

【カミナリベラ属】●カミナリベラ

●カミナリベラ／雌／成魚(7cm) ──伊豆海洋公園 5m 2009.7.11

101

●ハラスジベラ／雄／成魚（12cm）──石垣島 7m 2010.11.15

ハラスジベラ
Stethojulis strigiventer (Bennett, 1833)

- タイプ産地──Mauritius
- 英名────Silver-Streaked Wrasse
- カミナリベラ属

本種はアカオビベラと似るが、雄は鰓蓋後端に1黒色斑を有すること、雌は腹部に複数の縦線が入ることで区別される。雄雌とも成魚では頭頂部に丸みがなく、側面からみて眼の上あたりが陥没したようにへこむ。本種の幼魚は同属他種の幼魚と似るが、背鰭と臀鰭の後部にそれぞれ1眼状斑があること、尾鰭基部に小さな1緑色斑があること、口から眼下をとおり鰓蓋後縁に達する白色縦線があることで識別される。幼魚の体色は普通茶色味を帯びるが、藻場に生息する個体は緑色を帯びることが多い。岩礁、ガレ場、海草、サンゴ礁域の浅い水深にハレムを作り生息する。幼魚は潮だまりができるような環境にも多い。ハワイを除くインド・太平洋に広く分布し、国内でも南日本、伊豆諸島、小笠原諸島、琉球列島に広く生息する。

●ハラスジベラ／繁殖行動──石垣島 8m 2010.11.5 2:36pm

●ハラスジベラ／幼魚（1cm）──石垣島 2m 2011.6.24 　　●ハラスジベラ／幼魚（2cm）──沖縄本島中部 1m 2011.7.8 　　●ハラスジベラ／若魚（5cm）──沖縄本島中部 3m 2010.7.25

●ハラスジベラ／幼魚（3cm）──石垣島 4m 2011.6.24 　　●ハラスジベラ／幼魚／藻場色彩（2cm）──石垣島 5m 2011.6.24 　　●ハラスジベラ／幼魚／藻場色彩（4cm）──石垣島 5m 2011.6.24

●ハラスジベラ／雌（7cm）──石垣島 5m 2011.6.24 　　●ハラスジベラ／雌／成魚（8cm）──石垣島 8m 2010.11.15

●ハラスジベラ／雌／老成魚（10cm）──石垣島 7m 2010.11.15

【カミナリベラ属】●ハラスジベラ

103

●アカオビベラ／雄／成魚（10cm）────屋久島 12m 2009.11.26

アカオビベラ

Stethojulis bandanensis
(Bleeker, 1851)

- タイプ産地──Banda Islands, Indonesia
- 英名──────Redshoulder Wrasse
- カミナリベラ属

幼魚は同属他種の幼魚に似るが、背鰭と臀鰭の後部にそれぞれ1眼状斑、尾鰭基部に1黒色斑があることで区別される。若魚は口元から眼下まで黄色縦帯が走ること、胸鰭基部上に橙色斑があること、体側に2本の白色縦帯があること、尾柄部に2黒色斑があることで特徴づけられる。雄はオニベラやハラスジベラ、カミナリベラに似るが、胸鰭基部に「への字」の赤橙色斑を有することや湾曲した青色線が頬に入ることから識別される。雌は体側上部に白色点が散在すること、胸鰭基部上部に橙色斑があること、尾鰭基部に黒色斑があることなどが特徴。老成すると、眼後方から伸びる3本の緑色線のうち、上から2と3番目の間が黒色を帯びる。ガレ場、岩礁、シルト域、海草域、サンゴ礁域、潮通しの良いところから内湾など、生息環境は変異に富む。行動範囲は広く、特に雄の泳ぐ速度は速い。東インド洋、ハワイを除く太平洋、および東太平洋の島嶼部に分布する。国内では、南日本太平洋岸、伊豆諸島、小笠原諸島、琉球列島に生息する。

●アカオビベラ／雄／老成魚（14cm）────屋久島 10m 2010.6.8

●アカオビベラ／幼魚（2cm）——屋久島 8m 2010.6.8　　●アカオビベラ／幼魚（3cm）——屋久島 8m 2010.6.6　　●アカオビベラ／幼魚（3cm）——和歌山 8m 2009.9.14

●アカオビベラ／幼魚（4cm）——阿嘉島 4m 2011.9.11　　●アカオビベラ／若魚（5cm）——沖縄本島中部 3m 2010.9.10　　●アカオビベラ／若魚（6cm）——柏島 8m 2009.7.26

●アカオビベラ／雌／成魚（7cm）——阿嘉島 10m 2011.11.6 　　●アカオビベラ／雄／頭部模様——沖縄本島中部 3m 2012.1.29

【カミナリベラ属】●アカオビベラ

●アカオビベラ／雌／成魚（8cm）——沖縄本島中部 13m 2012.1.26

105

●オニベラ／雄／成魚（15cm）──屋久島 18m 2010.6.6

オニベラ

Stethojulis trilineata
(Bloch and Schneider, 1801)

- ●タイプ産地────Coromandel, India
- ●英名────────Three-lined Wrasse
- ●カミナリベラ属

雄はハラスジベラと似るが、2本の緑色縦帯が尾鰭基部まで達することや、背鰭が赤味を帯びること、体高が高いことなどから識別可能。婚姻色は、体色の変化もあまり見られないが、体側中央に不明瞭な4～5本の白横帯斑が出現するのが婚姻色であると考えられる。雌成魚はアカオビベラの雌と似るが、前者には胸鰭基部上に橙色斑が出現しないことから区別される。本種の幼魚から若魚は、同属のそれらと似るが、尾鰭基部中央に小さな黒色斑と腹部に黒色点があることから区別される。幼魚から若魚は、内湾域の穏やかな環境でサンゴや転石などに身を隠して生活する。ガレ場、岩礁、サンゴ礁域、などの水深の浅い場所に生息する。インド・西太平洋部に分布し、国内では南日本太平洋岸、伊豆諸島、小笠原諸島、琉球列島に生息する。

●オニベラ／雄／成魚（15cm）／婚姻色──屋久島 12m 2010.6.7

●オニベラ／幼魚（1.5cm）──石垣島 2m 2011.6.17
●オニベラ／若魚（4cm）──石垣島 3m 2011.6.27 
●オニベラ／雌／成魚（6cm）──屋久島 8m 2010.6.6 
●オニベラ／雌／成魚（8cm）──沖縄本島中部 3m 2011.9.14 
●オニベラ／雌／成魚（10cm）──沖縄本島中部 3m 2012.1.29 

【カミナリベラ属】● オニベラ

107

●スミツキカミナリベラ／雄／成魚（15cm） ──小笠原・父島 25m 2010.7.10

スミツキカミナリベラ

Stethojulis maculata Schmidt, 1931

- ●タイプ産地──Amami-oshima Island, Japan
- ●英名────Blotched Ribbon Wrasse
- ●カミナリベラ属

　カミナリベラ属の中でも比較的大型で、雄は名前のとおり体側に6本のまるで墨が流れ垂れるような模様があるのが特徴で、淡いメタリックグリーンに光るボディーが美しい。雌はメタリックグリーンに輝くドット模様が尾鰭にある。幼魚から若魚は、吻端から尾鰭基底にかけて1黒色縦線が伸び、尾鰭基部に1黒色斑がある。成長にともない縦帯と黒色斑が消失するが、吻から眼下をとおって鰓蓋まで伸びる黄色縦線は残る。サンゴ礁が発達した潮通しの良い水深20～35mを速く泳ぐ。行動範囲は広い。日本固有種。小笠原諸島では雌個体は比較的容易に観察されるが雄はきわめて少ない。

●スミツキカミナリベラ／幼魚（3cm）────小笠原・父島 12m 2010.7.10

●スミツキカミナリベラ／若魚（5cm）────小笠原・父島 12m 2010.7.10

●スミツキカミナリベラ／繁殖行動────小笠原・父島 25m 2010.7.10 4:15 pm

●スミツキカミナリベラ／雌／成魚（10cm）────小笠原・父島 20m 2010.7.10

【カミナリベラ属】●スミツキカミナリベラ

●ノドグロベラ／雄／成魚（11cm）────屋久島 15m 2010.6.5

ノドグロベラ

Macropharyngodon meleagris
(Valenciennes, 1839)

- タイプ産地────Yap Group, Caroline Islands
- 英名────Leopard Wrasse
- ノドグロベラ属

●ノドグロベラ／雄／成魚（10cm）────屋久島 8m 2009.9.6

　本種の幼魚は、セジロノドグロベラの幼魚に似るが、背鰭と臀鰭の後部にそれぞれ1眼状斑があることで区別される。若魚から雌成魚は、体側に明瞭な黒色斑が無数に散在する。雄成魚は体側前方に縦帯、中央部から後方に青緑色の斑紋が規則的に並ぶ。幼魚から若魚は、岩礁、ガレ場、藻場、サンゴ礁域で群れて生活する。幼魚は海藻の屑や漂流物などに擬態し、ゆらゆらと泳ぐ。同属の幼魚やムシベラの幼魚とも混泳する。西太平洋と南太平洋に分布し、国内では南日本太平洋岸、伊豆諸島、小笠原諸島、琉球列島に生息する。

●ノドグロベラ／雄／老成魚（13cm）────屋久島 18m 2010.6.5

●ノドグロベラ／幼魚（1cm）
──久米島 3m 2010.5.23

●ノドグロベラ／幼魚（1.5cm）
──屋久島 2m 2010.6.8

●ノドグロベラ／幼魚（2cm）
──阿嘉島 13m 2011.9.10

●ノドグロベラ／幼魚（2.5cm）
──西表島 6m 2009.6.15

●ノドグロベラ／若魚（3cm）
──柏島 7m 2008.8.22

●ノドグロベラ／若魚（4cm）
──久米島 11m 2010.5.24

●ノドグロベラ／雌（5cm）
──柏島 8m 2010.6.27

●ノドグロベラ／雌／成魚（6cm）
──小笠原・母島 17m 2010.7.11

●ノドグロベラ／性転換中（8cm）
──パラオ 7m 2009.4.7

【ノドグロベラ属】 ノドグロベラ

●ノドグロベラ／雌／成魚（7cm）──柏島 18m 2011.10.3

●セジロノドグロベラ／雄／成魚（14cm）／婚姻色──屋久島 13m 2010.6.7

セジロノドグロベラ

Macropharyngodon negrosensis Herre, 1932

- ●タイプ産地────Oriental Negros, Philippines
- ●英名──────Yellowdotted Wrasse
- ●ノドグロベラ属

本種の幼魚はノドグロベラの幼魚と似るが、背鰭と臀鰭に眼状斑がないことから区別可能である。若魚から雌は、和名のとおり背鰭が白味を帯びる。幼魚から若魚の尾鰭は透明だが、成長にともない上葉と下葉が暗色に変化するのも特徴。繁殖行動時には、全身がメタリックグリーンに輝き、フェンスネット調の模様になる。また、尾鰭上葉、下葉の暗色も薄く変化する。婚姻色を呈する雄は、まるで別種のような姿に変身する。潮通しの良い、ガレ場、岩礁、サンゴ礁域にハレムを作り生息する。本種の幼魚もノドグロベラと同様に海藻屑や漂流物に擬態しているようにゆらゆらと泳ぐ。西太平洋に分布する。国内では南日本太平洋岸、伊豆諸島、小笠原諸島、琉球列島に生息する。

●セジロノドグロベラ雄／成魚（14cm）／婚姻色
──屋久島 13m 2010.6.7

●セジロノドグロベラ／幼魚（1cm）　　●セジロノドグロベラ／幼魚（1.5cm）　　●セジロノドグロベラ／幼魚（2cm）　　●セジロノドグロベラ／幼魚（3cm）
——阿嘉島 16m 2011.9.10　　　　——嘉比島 3m 2011.9.11　　　　——嘉比島 3m 2011.9.11　　　　——沖縄本島中部 5m 2009.7.26

●セジロノドグロベラ／若魚（5cm）　　●セジロノドグロベラ／若魚（6cm）　　●セジロノドグロベラ／若魚（7cm）　　●セジロノドグロベラ／雌／成魚（8cm）
——柏島 9m 2011.4.11　　　　——柏島 12m 2009.5.28　　　　——柏島 12m 2011.4.12　　　　——屋久島 13m 2011.8.16

●セジロノドグロベラ／雄／成魚（10cm）——柏島 18m 2011.10.3 　　●セジロノドグロベラ／雄／成魚（10cm）——柏島 15m 2011.12.18

●セジロノドグロベラ／雌／成魚（7cm）——屋久島 6m 2011.8.15

【ノドグロベラ属】●セジロノドグロベラ

113

●ウスバノドグロベラ／雄／成魚（12cm） ——屋久島 15m 2009.3.19

ウスバノドグロベラ

Macropharyngodon moyeri Shepard and Meyer, 1978

- ●タイプ産地 —— Izu Islands, Japan
- ●英名 —— Moyer's Leopard Wrasse
- ●ノドグロベラ属

　若魚は背鰭と臀鰭の後部にそれぞれ1眼状斑を有する。婚姻色は体全体を覆う黄色。水深15m前後の潮通しの良い、岩礁、海草が混在する環境にハレムを形成して生息する。警戒すると、海草の茂みに身を隠す。稀種だが、屋久島では比較的容易に幼魚から成魚までが観察される。台湾と日本に分布する。国内では伊豆諸島、静岡、高知、大隅諸島、沖縄からのみ記録されている。

●ウスバノドグロベラ／雄／成魚（12cm）／婚姻色
——屋久島 15m 2009.3.19

●ウスバノドロベラ／若魚（4cm）
──屋久島 12m 2011.8.14

●ウスバノドロベラ／若魚（6cm）／ミルが茂る環境に身を隠し生息する──屋久島 13m 2011.8.14

●ウスバノドロベラ／若魚（6cm）
臀鰭の眼状斑が消えた個体──屋久島 12m 2011.8.14

●ウスバノドロベラ／雌／成魚（10cm）──屋久島 13m 2011.8.14

●ウスバノドロベラ／雌／成魚（10cm）──屋久島 15m 2011.12.12

【ノドグロベラ属】●ウスバノドグロベラ

●オグロベラ／雄／成魚（15cm）──屋久島 15m 2009.3.19

オグロベラ
Pseudojuloides cerasinus (Snyder, 1904)

- タイプ産地──Hawaiian Islands
- 英名──Smalltail Wrasse
- オグロベラ属

　雄成魚は和名のとおり尾鰭後方が帯状に黒く、その黒色帯の前後が青色線で縁どられる。雌はオグロベラ属他種の雌と似るが、口の周辺が黄色味を帯びることから区別される。潮通しの良い岩礁、サンゴ礁域にハレムを形成し、他のベラとも群れて生活する。インド・太平洋に広く分布する。国内では、南日本太平洋岸、伊豆諸島、小笠原諸島、琉球列島に生息する。

●オグロベラ／雄／成魚（12cm）──柏島 23m 2009.7.27

●オグロベラ／若魚（3cm）——— 阿嘉島 16m 2011.11.6 　　●オグロベラ／性転換中（10cm）——— 屋久島 23m 2009.9.6

●オグロベラ／性転換中（10cm）——— 屋久島 28m 2009.9.6 　　●オグロベラ／性転換中（11cm）——— 和歌山 25m 2009.9.14

●オグロベラ／雌／成魚（8cm）——— 屋久島 20m 2011.12.10

【オグロベラ属】●オグロベラ

●アオスジオグロベラ／雄／成魚（10cm）──── 石垣島 13m 2011.11.2

アオスジオグロベラ

Pseudojuloides severnsi Bellwood and Randall, 2000

- ●タイプ産地──── Alor Island, Indonesia
- ●英名──────── Black-hat Slender-wrasse
- ●オグロベラ属

　本種の雄は、体側中央部に大きな1黒色域があり、頭部上面から体側の黒色域にかけて深い緑色を呈する。雌はオグロベラやスミツキオグロベラの雌と似るが、上顎後端から眼下まで白色線が伸びる。幼魚は口の周辺が白く、口と眼の間が青味を帯びる。成長にともない透明な背鰭や臀鰭が黄色味を帯びる。潮通しの良い、ガレ場、藻場、サンゴ礁域のやや深場にハレムを形成し、ベラ科他種とも群れる。稀種。東インド洋と西太平洋に分布する。国内では南日本太平洋岸、伊豆諸島、琉球列島に生息する。

●アオスジオグロベラ／幼魚（3cm）——屋久島 28m 2011.8.14 
●アオスジオグロベラ／他のベラやブダイ若魚と群れを形成（6cm）
——マクタン島 15m 2010.3.9

●アオスジオグロベラ／雄／成魚（10cm）——マクタン島 15m 2010.3.8

●アオスジオグロベラ／雌／成魚（6cm）——石垣島 13m 2011.11.2

【オグロベラ属】●アオスジオグロベラ

●スミツキオグロベラ／雄／成魚（12cm）──柏島 35m 2007.12.7

スミツキオグロベラ

Pseudojuloides mesostigma Randall and Randall, 1981

- タイプ産地──Luzon Island, Philippines
- 英名────Black-Patch Wrasse
- オグロベラ属

　本種の雄は、背鰭中央部から体側中央部まで太い黒色横帯を有し、尾鰭は透明な後縁を除いて黒色を呈する。オグロベラ属の多種とも混泳する。外洋に面した、潮通しの良い、岩礁、サンゴ礁域の、やや深場でハレムを形成する。やや稀種。西太平洋に分布し、国内では南日本太平洋岸、伊豆諸島、琉球列島から知られている。

●スミツキオグロベラ／雄／成魚（12cm）
──柏島 28m 2011.10.3

●スミツキオグロベラ／雄雌／繁殖行動——柏島 35m 2007.12.7 9:35am　　●スミツキオグロベラ／性転換中（10cm）——柏島 28m 2011.10.3

●スミツキオグロベラ／雌成魚の群れ（10cm）——柏島 28m 2011.10.3 　　●スミツキオグロベラ／他のベラと群れる雄成魚（12cm）——柏島 35m 2007.12.7

【オグロベラ属】●スミツキオグロベラ

●スミツキオグロベラ／雌／成魚（10cm）——柏島 28m 2011.10.3

●オトヒメベラ／雄／成魚（15cm）── 伊豆海洋公園 15m 2009.7.4

オトヒメベラ

Pseudojuloides elongatus
Ayling and Russell, 1977

- ●タイプ産地── Poor Knights Islands, New Zealand
- ●英名──────── Long Green Wrasse
- ●オグロベラ属

●オトヒメベラ／雌／成魚（10cm）／抱卵中
── 伊豆海洋公園 8m 2011.7.15

繁殖期は春から初夏にかけ、日中でも繁殖行動が頻繁にみられる。繁殖期には雄同士の喧嘩も多く体色を光らせた複数の雄によって水中が華やかになる。腹鰭は特に美しい。放卵放精は雌雄寄り添いながら1mほど上昇しながら行われる。岩礁、転石、海藻が茂る環境でハレムを形成する。東南インド洋と熱帯域を除く西太平洋から記録されている。国内では、南日本太平洋岸と伊豆諸島に分布する。温帯域に適応した種。

●オトヒメベラ／雄／成魚（15cm）／クリーニング中
── 伊豆海洋公園 15m 2009.7.4

●マイヒメベラ／雌／成魚（10cm）——小笠原・父島 24m 2010.7.12

マイヒメベラ

Pseudojuloides atavai Randall and Randall, 1981

- ●タイプ産地——Pitcairn Island
- ●英名————Polynesian Wrasse
- ●オグロベラ属

　本種は体側上部から薄茶色と黒色へ変化し、体側下半分が鮮やかな白色で、黒色域と白色域の間には細い青色線がとおる。特に腹鰭に輝く星のような斑が美しい。和名のマイヒメ（舞姫）のとおり、水中を舞う姿は美しい。外洋に面した、潮通しの良い、岩礁、サンゴ礁域に単独で、他のベラと群れ生息する。国内では小笠原諸島のみから記録されている。雄成魚は小笠原でも数年〜数十年に1回出現するかしないかといわれている。稀種。国外ではマリアナ諸島や南太平洋から知られているが、小笠原諸島とマリアナ諸島の個体群は別種である可能性が指摘されている。

●マイヒメベラ／雌／成魚（10cm）——小笠原・父島 24m 2010.7.12

●ニシキベラ／雄／成魚（12cm）──── 屋久島 1m 2011.8.13

ニシキベラ

Thalassoma cupido (Temminck and Schlegel, 1845)

- ●タイプ産地──── Nagasaki, Japan
- ●英名──────── Cupid Wrasse
- ●ニシキベラ属

　本種は背鰭第1〜8棘が他の棘条より短く、背鰭前部の黒色斑が生涯残ることなどが特徴。成魚にみられる背骨を透かしだしたような縦帯模様は印象的。幼魚は他のベラと似るが背鰭に複数の黒色斑が出現することで区別される。岩礁やサンゴ礁域など、波が打ち寄せる浅い環境などでハレムを形成する。同属他種とも混泳する。産卵期は夏で、群れで中層を泳ぎ、産卵放精する。日本と台湾に分布する温帯域に適した普通種。

●ニシキベラ／雄／成魚（12cm）──── 種子島 KAUM-I.39086

●ニシキベラ／幼魚（1cm）──柏島 3m 2011.4.12   ●ニシキベラ／幼魚（2cm）──柏島 6m 2009.4.28   ●ニシキベラ／若魚（4cm）──伊豆海洋公園 8m 2009.7.11

●ニシキベラ／若魚（5cm）──柏島 12m 2010.6.28   ●ニシキベラ／若魚（6cm）──屋久島 3m 2011.8.15

●ニシキベラ／雌（7cm）──柏島 4m 2011.12.20   ●ニシキベラ／雄／老成魚（15cm）──伊豆海洋公園 5m 2009.7.11

●ニシキベラ／雌／成魚（8cm）──屋久島 4m 2011.8.15

[ニシキベラ属]●ニシキベラ

Thalassoma

●ハコベラ／雄／成魚（13cm）──屋久島 8m 2009.9.7

ハコベラ

Thalassoma quinquevittatum
(Lay and Bennett, 1839)

- タイプ産地──Ryukyu Islands, Japan
- 英名────Fivestripe Wrasse
- ニシキベラ属

　幼魚から若魚には背鰭に3黒色斑と尾鰭基部に1黒色斑がある。本種の幼魚は同属の幼魚に似るが、腹部に2本の赤色斜帯が走ることで区別される。背鰭前方の黒色斑は成魚になっても残る。雄成魚の胸鰭は黒くなる。体側に白色斑が浮きあがるのが婚姻色。岩礁、サンゴ礁域や波打ち際などの浅場に生息する。インド・太平洋に分布する。国内では、南日本太平洋岸、伊豆諸島、小笠原諸島、琉球列島に生息する。

●ハコベラ／雄／成魚(12cm)／婚姻色──久米島 10m 2009.12.10

●ハコベラ／幼魚（2cm）——伊豆大島 3m 2011.10.17

●ハコベラ／幼魚（3cm）——沖縄本島中部 3m 2011.9.13

●ハコベラ／若魚（5cm）——沖縄本島中部 4m 2011.7.10

●ハコベラ／雌（6cm）——沖縄本島中部 1m 2012.4.10

●ハコベラ／雌／成魚（8cm）——久米島 8m 2009.12.10

【ニシキベラ属】● ハコベラ

●リュウグウベラ／雄／成魚（28cm）／婚姻色──屋久島 3m 2009.9.7

リュウグウベラ
Thalassoma trilobatum (Lacepède, 1801)

- タイプ産地────Indo-West Pacific
- 英名─────Christmas Wrasse
- ニシキベラ属

　本種はキヌベラに似るが、成魚では体側上部にある大きな四角斑によって区別される。また、キヌベラよりも小さい。婚姻色では顔から体側前方部が黄色に染まる。沖縄本島中部では雄成魚が14〜15匹の群れを形成するのが観察された。幼魚では、背鰭に3黒色斑があり、体側を走る縦帯は赤色味をおびる。ルアーで釣り上げられる報告もある。ニシキベラ属は特に浅い水深や波打ち際などを好み生息する。同所はダイバーが泳ぐことすら困難で、自然光や波の影響もあり撮影が難しい。インド・太平洋に分布する。国内では、南日本太平洋岸、伊豆諸島、小笠原諸島、琉球列島に生息する。

●リュウグウベラ／雄／成魚（25cm）──沖縄本島中部 1m 2012.4.9

●リュウグウベラ／雄／成魚（25cm）／婚姻色／上写真と同じ個体
────沖縄本島中部 1m 2012.4.9

【ニシキベラ属】●リュウグウベラ

●リュウグウベラ／幼魚（2cm）——石垣島 0.2m 2012.6.25

●リュウグウベラ／幼魚（3cm）——石垣島 0.2m 2012.6.25

●リュウグウベラ／若魚（8cm）——柏島 3m 2011.12.18

●リュウグウベラ／雌／成魚（20cm）——沖縄本島中部 3m 2010.7.25

●ベラ科の中でも特に浅い水深を好むニシキベラ属は満潮時を狙い待ち構え撮影する——沖縄本島中部

●キヌベラ／雄／老成魚（40cm）／婚姻色——沖縄本島中部 1m 2012.4.10

キヌベラ

Thalassoma purpureum (Forsskål, 1775)

- ●タイプ産地——Red Sea
- ●英名————Surge Wrasse
- ●ニシキベラ属

●キヌベラ／雄／成魚（40cm）——屋久島 2m 2010.6.7

●キヌベラ／雄／老成魚（45cm）／婚姻色——屋久島 1m 2010.6.6

　幼魚では背鰭に2黒色斑があり、体側を走る縦帯は黄色味をおびる。体側に『W』の文字のような黒色斑が規則正しく入る。成魚になっても背鰭前方の黒色斑は残る。雄婚姻色はギラギラとしたエメラルドグリーンの体色に蛍光ピンクの縦帯が伸び美しい。潮通しの良い岩礁、サンゴ礁域の波打ち際などの特に浅い水深に生息する。同属他種と混泳もする。同属の中でももっとも大型になる。インド・太平洋に広く分布する。国内では南日本太平洋岸、伊豆諸島、小笠原諸島、琉球列島に生息する。

●キヌベラ／幼魚（2cm）──石垣島 0.2m 2012.6.25  ●キヌベラ／幼魚（4cm）──屋久島 KAUM-I.21795

●キヌベラ／幼魚（4cm）──石垣島 0.2m 2012.6.25  ●キヌベラ／若魚（6cm）──与論島 KAUM-I.40021

●キヌベラ／若魚（6cm）──石垣島 0.2m 2012.6.25  ●キヌベラ／雌（12cm）──屋久島 KAUM-I.11260

●キヌベラ／雌／成魚（15cm）──沖縄本島中部 1m 2012.4.9  ●キヌベラ／雄／成魚（24cm）──屋久島 KAUM-I.25231

●キヌベラ／雌／成魚（23cm）──沖縄本島中部 1m 2012.4.9

●ヤンセンニシキベラ／雄／成魚（22cm）／婚姻色――久米島 13m 2010.5.23

ヤンセンニシキベラ
Thalassoma jansenii (Bleeker, 1856)

- タイプ産地――Sulawesi, Indonesia
- 英名――――Jansen's Wrasse
- ニシキベラ属

　本種の幼魚はハコベラの幼魚によく似ているが、上唇まで白いこと、背鰭に3眼状斑と尾鰭基部に1黒色斑があることから識別される。若魚は体側上部が濃緑色。成魚は体側上部から中心部にかけて複数の大きな黒色斑が入るが、その模様は個体変異が大きい。頬から腹部にかけて青緑色を呈するのが婚姻色。本種は時間帯というより、潮の流れ方によって繁殖行動を起こす。水中が薄暗くなるとサンゴに身を寄せて眠る。潮通しの良い根の上、岩礁、サンゴ礁域、波打ち際などの浅い水深に生息する。東インド洋と西太平洋に分布する。国内では南日本太平洋岸、伊豆諸島、小笠原諸島、琉球列島に生息する。

●ヤンセンニシキベラ／雄／老成魚（23cm）
――久米島 5m 2009.12.9

●ヤンセンニシキベラ／幼魚（1cm）──沖縄本島中部 3m 2011.9.13 　　●ヤンセンニシキベラ／幼魚（3cm）──沖縄本島中部 5m 2010.7.25

●ヤンセンニシキベラ／若魚（4cm）──沖縄本島中部 2m 2011.9.13 　　●ヤンセンニシキベラ／若魚（5cm）──沖縄本島中部 2m 2011.9.13

●ヤンセンニシキベラ／若魚（6cm）──柏島 3m 2011.12.18 　　●ヤンセンニシキベラ／雌／成魚（8cm）──沖縄本島中部 7m 2008.5.23

●ヤンセンニシキベラ／雌／成魚（12cm）──久米島 8m 2009.12.10

Thalassoma 133

●ヤマブキベラ／雄／成魚（23cm）／婚姻色──柏島 8m 2009.9.28

ヤマブキベラ

Thalassoma lutescens
(Lay and Bennett, 1839)

- タイプ産地────Tahiti, Society Islands
- 英名──────Sunset Wrasse
- ニシキベラ属

●ヤマブキベラ／雌（10cm）／カニを捕食──久米島 3m 2010.5.23

●ヤマブキベラ／雌雄／繁殖行動──柏島 8m 2010.6.29 9:51 am

　幼魚は尾鰭基部上方に1黒色斑がある。幼魚から若魚は体側上部がヤマブキ色、体側下部が白色を呈し、尾鰭基部の黒色斑は徐々に薄くなる。潮通しの良い岩礁とサンゴ礁域の浅い水深に生息する。サンゴの間に顔を突っ込み、甲殻類を探すところがよく観察される。生息する周辺で一番水面に近い岩礁やサンゴがある場所で繁殖行動を行い、雄が体を小刻みに震わせて雌を誘い出す。雄雌同時に水面に向かって泳ぎだし、放精産卵をする。インド・太平洋に分布するが、インドネシアやフィリピンからの記録はない。国内では南日本太平洋岸、伊豆諸島、小笠原諸島、琉球列島に生息する。

●ヤマブキベラ／幼魚（1.5cm）
──久米島 4m 2010.5.23

●ヤマブキベラ／幼魚（3cm）
──阿嘉島 3m 2011.9.9

●ヤマブキベラ／若魚（4cm）
──西表島 4m 2009.6.14

●ヤマブキベラ／若魚（5cm）
──阿嘉島 6m 2011.11.6

●ヤマブキベラ／雌（6cm）
──沖縄本島中部 4m 2011.9.12

●ヤマブキベラ／雌（7cm）
──沖縄本島中部 5m 2010.9.9

●ヤマブキベラ／雌／成魚（8cm）
──阿嘉島 4m 2011.11.6

●ヤマブキベラ／性転換中（10cm）
──小笠原・母島 9m 2010.7.12

●ヤマブキベラ／性転換中（12cm）──久米島 3m 2009.12.9

●ヤマブキベラ／性転換中（12cm）──西表島 8m 2009.6.15

●ヤマブキベラ／雌／成魚（10cm）／お腹の大きな個体──柏島 12m 2009.5.28

【ニシキベラ属】●ヤマブキベラ

Thalassoma 135

●セナスジベラ/雄/成魚（17cm）──沖縄本島中部 4m 2012.1.29

セナスジベラ

Thalassoma hardwicke (Bennett, 1830)

- ●タイプ産地──Sri Lanka
- ●英名──────Sixbar Wrasse
- ●ニシキベラ属

　本種はハコベラに似るが、背鰭基部から6本の黒色斜帯が走ることから容易に見分けられる。頭部と体側下部が青色を呈し、尾鰭中央部が黒く染まるのが婚姻色。幼魚から若魚には背鰭前部・中央部に1黒色斑がある。ダイバーのフィンや波で動くアンカーチェーンやロープなどの周辺で底砂が巻き上がると、索餌のために近寄ってくる。潮通しの良い浅い水深のサンゴ礁域に生息する。インド・太平洋に分布する。国内では南日本太平洋岸、伊豆諸島、小笠原諸島、琉球列島に生息する。

●セナスジベラ/雄/成魚（20cm）/婚姻色
──柏島 8m 2010.8.29

● セナスジベラ／幼魚（1.5cm）──柏島 2m 2010.8.29 　　● セナスジベラ／幼魚（3cm）──柏島 4m 2010.6.28 　　● セナスジベラ／若魚（4cm）──沖縄本島中部 7m 2010.9.10

● セナスジベラ／若魚（6cm）──柏島 4m 2011.12.18 　　● セナスジベラ／若魚（7cm）──柏島 6m 2009.7.26 　　● セナスジベラ／雌／成魚（9cm）──屋久島 8m 2010.6.6

● セナスジベラ／雌／6〜8月頃、雌の群れが見られる──西表島 2009.6.16 　　● セナスジベラ／雌／ウミガメが死サンゴを齧っているところに寄ってきた

● セナスジベラ／雌／成魚（10cm）──屋久島 8m 2011.12.12

●オトメベラ／雄／成魚（20cm）／婚姻色──柏島 13m 2009.9.29

オトメベラ
Thalassoma lunare **(Linnaeus, 1758)**

- タイプ産地──Indonesia
- 英名────Moon Wrasse
- ニシキベラ属

●オトメベラ／雄／成魚（22cm）──沖縄本島中部 10m 2010.9.9

　雄は全体的に地味な青緑色に見えるが、よく見ると細かな模様が美しい。幼魚から雌には背鰭に1眼状斑、尾鰭基部に1黒色斑がある。雄は複数の雌の頭上を旋回し、目的の雌に対し、激しく小刻みに体を震わせて誘い、寄り添いながら上昇し産卵放精する。岩礁、サンゴ礁域の浅い水深に生息する普通種。インド・西太平洋に分布する。国内では南日本太平洋岸、伊豆諸島、小笠原諸島、琉球列島に生息する。

●オトメベラ／雄／成魚（20cm）──柏島 5m 2010.6.28

●オトメベラ／幼魚（1cm） 　　　　　　　　　　●オトメベラ／幼魚（3cm）　　　　　　　　　●オトメベラ／若魚（5cm）
―― 阿嘉島 3m　2011.9.11　　　　　　　　　　　　　　―― 柏島 3m　2011.12.11　　　　　　　　　　　　―― 柏島 8m　2011.3.28

●オトメベラ／雌／10〜11月に雌の群れがよく観察される　　　●オトメベラ／雄雌／産卵 ―― 柏島 5m　2010.8.29 11:23 am
　　　　　　　　　　　　　　　　　　　　―― 柏島 10m　2011.10.2

●オトメベラ／雌／成魚（8cm）　―― 柏島 10m　2008.5.31

【ニシキベラ属】●オトメベラ

Thalassoma　139

●コガシラベラ／雄／成魚（12cm）──柏島 5m 2009.9.29

コガシラベラ

Thalassoma amblycephalum
(Bleeker, 1856)

- ●タイプ産地──Java, Indonesia
- ●英名────Blueheaded Wrasse
- ●ニシキベラ属

●コガシラベラ／性転換中（7cm）──西表島 3m 2009.6.14

●コガシラベラ／性転換中（8cm）──沖縄本島中部 5m 2012.1.28

　雄は生息環境によって若干体色が変化する。成熟した雄は尾鰭上葉下葉が長く伸びる。雄成魚は2，3カ所の雌の群れを巡回する。雌の群れの中には、性転換中の個体が見られることも多い。幼魚が群れる初夏、琉球地方ではブダイ科など大型魚の体を群でクリーニングする場面が観察される。潮通しの良い岩礁やサンゴ礁域にハレムを形成して生息する。インド・太平洋に分布し、国内では南日本太平洋岸、伊豆諸島、小笠原諸島、琉球列島に生息する。

●コガシラベラ／幼魚（2cm）
——柏島 4m 2010.8.29

●コガシラベラ／若魚（4cm）
——阿嘉島 3m 2011.9.11

●コガシラベラ／雌／成魚（6cm）
——西表島 8m 2009.6.14

●コガシラベラ／幼魚／ブダイをクリーニングする群れ
——沖縄本島中部 1m 2011.7.10

●コガシラベラ／繁殖行動——柏島 13m 2010.6.28 10:32 am

●コガシラベラ／雌／成魚（7cm）——沖縄本島中部 5m 2012.1.28

【ニシキベラ属】●コガシラベラ

Thalassoma 141

●キュウセン／雄／成魚（25cm）──伊豆海洋公園 15m 2011.7.24

キュウセン

Halichoeres poecilopterus (Temminck and Schlegel, 1845)

- ●タイプ産地──Japan
- ●英名────Multicolorfin Rainbowfish
- ●キュウセン属

　成熟した雄は胸鰭後方の体側に大きな1黒色斑を有する。日本列島に広く生息するなじみの深いベラ。神戸では、雄をアオベラ、雌をアカベラと呼び、釣り人に人気がある。しばしば *Parajulis* 属とされることがある。砂地に点在する藻場に好んで生息し、砂に潜って眠る。東アジアの固有種。国内では北海道南部から琉球列島を除く南日本に分布する。

●キュウセン／雄／成魚（25cm）／婚姻色
──伊豆海洋公園 18m 2009.7.11

●キュウセン／若魚（5cm）── 伊豆海洋公園 5m 2011.7.25

●キュウセン／雌／成魚（15cm）── 伊豆海洋公園 18m 2011.7.24

●キュウセン／雌／成魚（18cm）── 伊豆海洋公園 5m 2009.7.11

●キュウセン／雌／成魚（18cm）── 伊豆海洋公園 5m 2009.7.11

●ホンベラ／雄／成魚（15cm）／婚姻色──伊豆海洋公園 12m 2011.7.24

ホンベラ

Halichoeres tenuispinis (Günther, 1862)

- タイプ産地──China
- 英名────Mottlestripe Wrasse
- キュウセン属

　幼魚は体側に2本の白色破線縦帯が吻から尾鰭基部まで走り、背鰭に1眼状斑と尾鰭基部に1黒色斑がある。成長にともない、これらの縦帯、眼状斑、黒色斑は消失する。成魚は体が全体的に赤味を帯び、成熟時には頭部に2本の緑色線が現れる。体色をより濃く染めた雄が雌に求愛する場面が初夏から頻繁に観察される。温帯域に適した普通種。岩礁、海藻域、ゴロタ、砂地などの環境にハレムを形成して生息する。東アジアの固有種。国内では鹿児島県本土以北に生息する。

●ホンベラ／雄／成魚（15cm）／普段の体色──柏島 13m 2009.10.25

●ホンベラ／幼魚（1cm）── 伊豆海洋公園 17m 2011.7.25 　　●ホンベラ／幼魚（3cm）── 柏島 8m 2010.8.31 　　●ホンベラ／幼魚（4cm）── 伊豆大島 6m 2010.10.17

●ホンベラ／若魚（5cm）── 伊豆大島 15m 2010.10.15 　　●ホンベラ／雌（10cm）── 伊豆海洋公園 8m 2011.10.17

●ホンベラ／雄雌／繁殖行動── 伊豆海洋公園 8m 2009.7.11 1:44 pm 　　●ホンベラ／雌の群れ── 伊豆海洋公園 13m 2011.7.26

●ホンベラ／雌／成魚（10cm）── 伊豆海洋公園 12m 2009.7.11

【キュウセン属】●ホンベラ

145

●コガネキュウセン／雄／成魚（10cm）——柏島 22m 2010.6.7

コガネキュウセン

Halichoeres chrysus Randall, 1981

- ●タイプ産地——Solomon Islands
- ●英名————Golden Wrasse
- ●キュウセン属

　名前のとおり、一見一様に黄金色に見えるが、雄成魚の頭部には緑色や赤橙色の線が走る。腹鰭、臀鰭、尾鰭にも淡く青色味を帯びる。また眼後方に暗色斑、その後方に黄色斑がある。幼魚は背鰭に2眼状斑があり、尾鰭基部にも1黒色斑がある。成長にともなって、背鰭第1, 2棘間の鰭膜にも1黒色斑が出現する。潮通しの良い、ガレ場、岩礁、砂地、サンゴ礁域に生息する。特にきれいな砂地を好む。雄は、幼魚や若魚、雌とハレムを形成する。西太平洋に分布し、国内では南日本太平洋岸、伊豆諸島、小笠原諸島、琉球列島に生息する。

●コガネキュウセン／雄／成魚（12cm）——柏島 22m 2011.11.3

●コガネキュウセン／幼魚（1cm）
――柏島 10m　2011.10.2

●コガネキュウセン／幼魚（2cm）
――柏島 12m　2008.6.14

●コガネキュウセン／若魚（4cm）
――柏島 15m　2009.4.5

●コガネキュウセン（キュウセン属）がホンソメワケベラにクリーニングをしてもらうのは珍しい――柏島 18m　2011.4.11

●コガネキュウセン／雌／成魚（8cm）――柏島 22m　2011.10.3

●カノコベラ／雄／成魚（16cm）──沖縄本島中部 8m 20011.7.10

カノコベラ

Halichoeres marginatus Rüppell, 1835

- タイプ産地────Red Sea
- 英名──────Dusky Wrasse
- キュウセン属

　幼魚は体側に複数の白色縦線があるが、成長にともないそれらは消失する。雌成魚の体色は暗く、幼魚時に透明だった尾鰭も徐々に黒色に変わる。老成魚は体高が高い。雄成魚は体側前方が茶色味を帯び、体側中央部から尾鰭にかけて深緑色を呈する。潮通しの良い岩礁やサンゴ礁域の浅い水深に生息する。行動範囲は以外と狭い。幼魚は特にサンゴの隙間を好み、他のベラ科幼魚やブダイ科幼魚と混泳する。インド・太平洋に広く分布する。国内では南日本太平洋岸、伊豆諸島、小笠原諸島、琉球列島に生息する。

●カノコベラ／雄／成魚（16cm）／婚姻色──沖縄本島中部 12m 2012.1.28

●カノコベラ／雄／老成魚（18cm）──屋久島 12m 2010.6.6

●カノコベラ／幼魚（1cm）
――沖縄本島中部 2m 2011.7.10

●カノコベラ／幼魚（2cm）
――石垣島 8m 2011.6.27

●カノコベラ／幼魚（3cm）
――沖縄本島中部 7m 2010.7.2

●カノコベラ／若魚（4cm）
――沖縄本島中部 8m 2012.1.30

●カノコベラ／若魚（5cm）
――沖縄本島中部 12m 2011.9.13

●カノコベラ／若魚（5cm）
――沖縄本島中部 8m 2011.9.14

●カノコベラ／雌（6cm）
――石垣島 11m 2011.6.27

●カノコベラ／雌（8cm）
――沖縄本島中部 6m 20011.7.10

●カノコベラ／性転換中（13cm）
――沖縄本島中部 12m 2010.9.9

●カノコベラ／雌／成魚（13cm）――沖縄本島中部 15m 2012.1.28

【キュウセン属】●カノコベラ

●カザリキュウセン／雄／成魚（12cm）──パラオ 5m 2009.4.6

カザリキュウセン

Halichoeres melanurus (Bleeker, 1851)

- ●タイプ産地────Banda Islands, Indonesia
- ●英名─────Tailspot Wrasse
- ●キュウセン属

　雄は体側上半部に緑色の絵の具を垂らしたような横帯模様が入る。雌はアミトリキュウセンの雌に似るが、口から眼下にかけて黄緑色を呈することや尾鰭の模様や背鰭前方に1黒色斑があることから区別される。幼魚の体色は茶色味を帯び、体側中央を通る白色縦破線が際立つ。潮通しの良いガレ場、岩礁、サンゴ礁域や内湾のシルト底域にも生息する。比較的浅い水深にハレムを形成する。幼魚はサンゴの隙間などに生息し、サンゴのポリプを突く場面がよく観察される。西太平洋に分布し、国内では南日本太平洋岸、小笠原諸島、琉球列島に生息する。

●カザリキュウセン／雄／成魚（13cm）
　　　　　　　──マクタン島 8m 2010.3.7

●カザリキュウセン／幼魚（1cm）──沖縄本島中部 3m 2011.7.9

●カザリキュウセン／幼魚（3cm）──石垣島 5m 2011.6.24

●カザリキュウセン／幼魚（4cm）──柏島 10m 2011.12.19

●カザリキュウセン／若魚（5cm）──西表島 12m 2009.6.12

●カザリキュウセン／若魚（6cm）──西表島 8m 2011.9.14

●カザリキュウセン／雌／成魚（8cm）──沖縄本島中部 8m 2010.9.11

●カザリキュウセン／雌／成魚（8cm）──石垣島 13m 2010.11.13

【キュウセン属】●カザリキュウセン

●ツキベラ／雄／成魚（13cm）──屋久島 15m 2009.11.26

ツキベラ

Halichoeres orientalis **Randall, 1999**

- タイプ産地──Ryukyu Islands, Japan
- 英名────Greencheek Wrasse
- キュウセン属

　本種はニシキキュウセンに似るが、ニシキキュウセンには眼後方に2本の緑色横帯斑が入ることから区別される。雌も同じ。幼魚では、尾鰭基部に黒色斑がないのに対し、ニシキキュウセンの幼魚では黒色斑があることで区別できる。幼魚から若魚にかけて、背鰭に2眼状斑があり、体側中央部に1白色縦帯が走る。この眼状斑と白色縦帯は成長にともなって消失する。体側の胸鰭後方から後ろが暗色に染まるのが婚姻色。潮通しの良い、岩礁、ガレ場、サンゴ礁域に生息する。台湾と日本から確認されている。国内では南日本太平洋沿岸、伊豆諸島、小笠原諸島、琉球列島に分布する。

●ツキベラ／雄／成魚（15cm）／婚姻色
──小笠原・父島 18m 2010.7.11

●ツキベラ／幼魚（1cm）——柏島 13m 2009.6.29 　　●ツキベラ／幼魚（3cm）——久米島 8m 2010.5.23 　　●ツキベラ／若魚（4cm）——小笠原・母島 6m 2010.7.12

●ツキベラ／若魚（6cm）——柏島 8m 2011.10.3 　　●ツキベラ／雌（7cm）——阿嘉島 8m 2011.11.6

●ツキベラ／雌／成魚（9cm）——母島 12m 2010.7.10 　　●ツキベラ／雄／成魚（12cm）——屋久島 16m 2009.11.26

●ツキベラ／雌／成魚（10cm）——阿嘉島 9m 2011.9.9

【キュウセン属】●ツキベラ

●ニシキキュウセン／雄／成魚（13cm）──阿嘉島 5m 2011.9.10

ニシキキュウセン

Halichoeres biocellatus Schultz, 1960

- ●タイプ産地 ── Bikini Atoll
- ●英名 ──── False-eyed Wrasse
- ●キュウセン属

　本種はツキベラに似るが、眼後方に2本の緑色横帯状斑があることで区別できる。雌も同じ。幼魚もツキベラの幼魚に似るが、尾鰭基部に1黒色斑があることで識別可能。潮通しの良い、ガレ場、岩礁、サンゴ礁域に生息する。幼魚は内湾の浅い水深で他のベラ科幼魚と群れる。西太平洋に分布する。国内では南日本太平洋岸、伊豆諸島、小笠原諸島、琉球列島に生息する。

●ニシキキュウセン／雄／老成魚（15cm）
──屋久島 12m 2010.6.8

● ニシキキュウセン／幼魚（1.5cm）——沖縄本島中部 4m 2011.7.9 　　● ニシキキュウセン／幼魚（3cm）——屋久島 8m 2010.6.5

● ニシキキュウセン／若魚（5cm）——石垣島 5m 2010.11.14 　　● ニシキキュウセン／雌／成魚（7cm）——柏島 6m 2008.8.22

● ニシキキュウセン／お腹が大きな雌／成魚（9cm）——屋久島 16m 2010.6.8

【キュウセン属】ニシキキュウセン

●アカニジベラ／雄／成魚（12cm）——沖縄本島中部 1m 2012.4.10

アカニジベラ
Halichoeres margaritaceus
(Valenciennes, 1839)

- ●タイプ産地————Solomon Islands
- ●英名—————Weedy Surge Wrasse
- ●キュウセン属

　本種はイナズマベラやホホワキュウセンに似るが、頬を横切る赤色縦線をもつことで区別される。幼魚から雌成魚にかけて、背鰭中央部に大きな1眼状斑、若魚から雌成魚には背鰭前方に1黒色斑がある。特に浅い水深のサンゴが発達した環境を好む。東インド洋とハワイなどを除く太平洋に分布する。国内では南日本太平洋岸、伊豆諸島、小笠原諸島、琉球列島に生息する。

●アカニジベラ／雄／成魚（12cm）——沖縄本島中部 1m 2011.7.10

●アカニジベラ／雄／老成魚（15cm）——沖縄本島中部 2m 2010.9.10

●アカニジベラ／幼魚（1cm）──沖縄本島中部 2m 2011.7.8

●アカニジベラ／幼魚（2cm）──沖縄本島中部 2m 2011.7.8

●アカニジベラ／幼魚（3cm）──石垣島 1m 2011.6.24

●アカニジベラ／若魚（4cm）──石垣島 1m 2011.6.27

●アカニジベラ／雌／成魚（8cm）──沖縄本島中部 1m 2012.4.10

●アカニジベラ／雌雄／繁殖行動──沖縄本島中部 2m 2011.7.8 10:51 am

●アカニジベラ／雌／成魚（10cm）──沖縄本島中部 3m 2012.1.30

【キュウセン属】●アカニジベラ

157

●イナズマベラ／雄／成魚（12cm）──嘉比島 5m 2011.9.10

イナズマベラ

Halichoeres nebulosus (Valenciennes, 1839)

- ●タイプ産地──Mumbai, India
- ●英名────Clouded Wrasse
- ●キュウセン属

　幼魚から雌にかけては、背鰭中央部に1眼状斑と背鰭前方に1黒色斑があるが、雄成魚では眼状斑が薄れ、黒色斑となる。雄雌共に腹部が赤みを帯びる。本種はアカニジベラに似るが、頬の赤色線が眼から斜め後ろに伸びることから識別される。ダイバーがある一定の距離まで近付くと、体後方をリズミカルに上下させて泳ぐ。繁殖愛行動は水中が薄暗くなる夕方に頻繁に観察される。ゴロタ、岩礁、サンゴ礁域などの浅い水深に生息する。インド・西太平洋に分布する。国内では南日本太平洋岸、伊豆諸島、小笠原諸島、琉球列島に生息する。

●イナズマベラ／雄／成魚（12cm）──嘉比島 5m 2011.9.10

●イナズマベラ／雄／成魚（13cm）婚姻色
　──屋久島 8m 2010.6.5

●イナズマベラ／幼魚（2cm） ──鵜来島 3m 2010.8.30

●イナズマベラ／幼魚（3cm） ──阿嘉島 5m 2011.9.9

●イナズマベラ／若魚（5cm） ──柏島 5m 2011.10.2

【キュウセン属】●イナズマベラ

●イナズマベラ／繁殖行動──柏島 5m 2009.9.29 2:24 pm

●イナズマベラ／雌／成魚（6cm）──柏島 3m 2010.6.28

159

● ホホワキュウセン／雄／成魚（12cm）────沖縄本島中部 1.5m 2010.9.11

ホホワキュウセン

Halichoeres miniatus (Valenciennes, 1839)

- タイプ産地────Java, Indonesia
- 英名────────Cheekring Wrasse
- キュウセン属

　本種はアカニジベラに似るが、和名のとおり頬に輪状の赤色線があることで容易に識別可能。若魚から雌成魚は背鰭に2眼状斑がある。幼魚から雌成魚は眼の後方に短い黒色帯がある。雌成魚には胸鰭基部後方に黄色斑がある。内湾の穏やかな浅い水深の、砂場、岩礁、藻場、サンゴ礁域にハレムを形成し生息する。河口域にも出現する場合がある。西太平洋に分布し、国内では小笠原諸島と琉球列島に生息する。

● ホホワキュウセン／繁殖行動────石垣島 1m 2011.6.24 9:10 am

● ホホワキュウセン／雄／老成魚（14cm）
────沖縄本島中部 1m 2012.1.29

●ホホワキュウセン／幼魚（1.5cm）——石垣島 1m 2011.6.24

●ホホワキュウセン／幼魚（3cm）——沖縄本島中部 1m 2012.1.19

●ホホワキュウセン／若魚（5cm）——石垣島 1m 2011.6.24

●ホホワキュウセン／雌／成魚（8cm）——沖縄本島中部 1.5m 2010.9.10

●ホホワキュウセン／雌／成魚（8cm）——沖縄本島中部 1.5m 2012.1.29

【キュウセン属】● ホホワキュウセン

●クマドリキュウセン／雄／成魚（10cm）／婚姻色──屋久島 2m 2010.6.6

クマドリキュウセン
Halichoeres argus (Bloch and Schneider, 1801)

- ●タイプ産地──Australia
- ●英名────Argus Wrasse
- ●キュウセン属

　雄成魚の顔は、まるで歌舞伎役者のような隈取りメイク模様で、体全体は規則正しい水玉模様。普通の状態では緑色の体色が目立つが、婚姻色になると体側の赤褐色部分が特に目立つようになる。ゴロタ、岩礁、海草、サンゴ礁域などの内湾で浅い水深に生息する。幼魚から若魚には背鰭前方と中央部に眼状斑があり尾鰭基部やや上方にも眼状斑がある。幼魚は内湾の浅い水深で海藻や海草に擬態する。ハレムを形成し、同種以外にもベラ科やブダイ科と混泳する。行動範囲は比較的狭い。東インド洋と西太平洋に分布。国内では琉球列島に生息する。

●クマドリキュウセン／雄／成魚（10cm）──石垣島 5m 2011.6.24

●クマドリキュウセン／繁殖行動──セブ島 2m 2012.6.9 12:24 pm

●クマドリキュウセン／幼魚（2cm）——石垣島 3m 2011.6.24 　　●クマドリキュウセン／幼魚（3cm）／海草に生息する個体——竹富島 2m 2011.6.24

●クマドリキュウセン／若魚（5cm）——屋久島 1m 2010.6.6 　　●クマドリキュウセン／成魚（8cm）／性転換中——石垣島 7m 2012.4.6

●クマドリキュウセン／雌／成魚（8cm）——セブ島 2m 2012.6.10

【キュウセン属】●クマドリキュウセン

●アミトリキュウセン／雄／成魚（14cm）——西表島 13m 2009.6.13

アミトリキュウセン

Halichoeres leucurus (Walbaum, 1792)

- ●タイプ産地——Unknown
- ●英名————Greyhead Wrasse
- ●キュウセン属

雄成魚は体側に赤橙色点が規則正しく並ぶ。雌はカザリキュウセンの雌に似るが、アミトリキュウセンの方が頭部が細く、体側縦線の黄色が濃い。背鰭前方に黒色斑がなく、口ら眼下をとおる線が青色であることも特徴。若魚は体側中央部に白色縦線が走り、背鰭中央部と尾鰭基部上方にそれぞれ1眼状斑がある。本種に対して、しばしば *Halichoeres purpurescens* (Bloch and Schneider, 1801) という学名が使用されるが、これは *H. leucurus* (Walbaum, 1792)の新参同物異名であると考えられている。内湾の穏やかな環境のシルト底域やサンゴ礁域に生息し、やや薄暗い環境を好む。南東インド洋と西太平洋に分布する。国内では、琉球列島に生息する。

●アミトリキュウセン／雄／成魚（12cm）——石垣島 13m 2012.4.7

●アミトリキュウセン／幼魚（3cm）——石垣島 10m 2011.11.3

●アミトリキュウセン／若魚（5cm）——石垣島 13m 2012.4.7

●アミトリキュウセン／雌／成魚(6cm)／お腹が大きい個体——石垣島 15m 2011.6.7

●アミトリキュウセン／成魚（10cm）／性転換中——石垣島 12m 2011.11.13

●アミトリキュウセン／雌／成魚（8cm）——石垣島 15m 2010.11.13

【キュウセン属】●アミトリキュウセン

●ゴシキキュウセン／雄／成魚（14cm）──セブ島 4m 2012.6.11

ゴシキキュウセン
Halichoeres richmondi Fowler & Bean, 1928

- タイプ産地────Philippines
- 英名──────Chain-lined Wrasse
- キュウセン属

●ゴシキキュウセン／雄／成魚（14cm）──セブ島 4m 2012.6.11

　本種は幼魚から雌成魚にかけて同属他種と似るが、背鰭前部と中央部、および尾柄にそれぞれ1眼状斑があり、臀鰭が黄色く、臀鰭中央に走る縦線が破線であることなどで区別可能。雄成魚はアミトリキュウセンと似るが、本種の方が吻から眼上部にかけて細長いこと、頬が赤色であること、吻から走る縦線が青色であること、英名のとおり体側を走る縦線がチェーン模様であることから区別される。若魚から雄成魚にかけてはサンゴのポリプを食する場面が頻繁に観察される。幼魚から若魚はサンゴなどに身を隠し生息する。雄成魚は浅海域を広く泳ぎまわるが、雌成魚の行動範囲は狭い。潮通しの良い浅い水深のサンゴ礁域に生息する。西太平洋に分布する。日本では屋久島以南の琉球列島に生息する稀種。

●ゴシキキュウセン／若魚（4cm）──セブ島 6m 2012.6.11

●ゴシキキュウセン／雌／成魚（10cm）──セブ島 6m 2012.6.11

●ホクロキュウセン／雄／成魚（12cm）──パラオ 32m 2009.4.5

ホクロキュウセン
Halichoeres melasmapomus
Randall, 1981

- ●タイプ産地──Pitcairn Island
- ●英名────Ocellated Wrasse
- ●キュウセン属

眼後方の鰓蓋後部にほくろのような1黒色斑があることや尾鰭基部上方に1黒色斑があることが特徴。幼魚から雌は、背鰭に3眼状斑がある。成熟した雄には背鰭の黒色斑がない。外洋に面した潮通しの良い、岩礁、サンゴ礁域のやや深場に生息する。南東インド洋と太平洋に分布。国内では小笠原諸島と琉球列島から確認されているが、きわめて稀。

●ホクロキュウセン／雌／成魚（8cm）────パラオ 28m 2009.4.4

●ホクロキュウセン／雄／老成魚（14cm）────パラオ 35m 2009.4.6

●キスジキュウセン／雄／成魚（20cm）／婚姻色──セブ島 16m 2012.6.12

キスジキュウセン

Halichoeres hartzfeldii (Bleeker, 1852)

- ●タイプ産地────Ambon, Indonesia
- ●英名──────Goldstripe Wrasse
- ●キュウセン属

体側中央部に太い黄色縦帯が走ることから同属他種と容易に識別される。幼魚は尾鰭基部に1黒色斑がある。ガレ場や砂地域などにハレムを形成する。警戒心が薄く、ダイバーがフィンでかき上げた砂に近づき、索餌することもしばしば。西太平洋に分布し、国内では南日本太平洋岸、伊豆諸島、小笠原諸島、琉球列島に生息する。

●キスジキュウセン／雄／成魚（18cm）
──柏島 28m 2006.12.10

●キスジキュウセン／成魚（12cm）／性転換中
──石垣島 8m 2012.4.7

【キュウセン属】●キスジキュウセン

●キスジキュウセン／幼魚（1cm）────セブ島 18m 2012.6.10

●キスジキュウセン／幼魚（2.5cm）────柏島 14m 2009.7.26

●キスジキュウセン／若魚（4cm）────石垣島 8m 2012.4.7

●キスジキュウセン／雌（7cm）────柏島 8m 2010.6.27

●キスジキュウセン／雌／成魚（10cm）────柏島 26m 2011.12.20

●ミツボシキュウセン／雄／成魚（20cm）──石垣島 8m 2012.4.6

ミツボシキュウセン

Halichoeres trimaculatus (Quoy and Gaimard, 1834)

- タイプ産地──Santa Cruz Islands
- 英名────Threespot Wrasse
- キュウセン属

　幼魚から若魚は吻が黄色に染まり、吻に1黒色点と尾鰭基部に1黒色点が入り、成長にともない1黒色点前方に黄赤色斑が現れる。眼後方から体側前方あたりが暗くくすみ、体側前方に黄暗色斑が出現するのが婚姻色。若魚や雌は群れを形成し、雄は定期的にその群れを巡回する。ガレ場、砂地、サンゴ礁域に生息する。ハワイを除く太平洋に分布する。国内では南日本太平洋岸、伊豆諸島、琉球列島に生息する。

●ミツボシキュウセン／雄／成魚（18cm）／婚姻色
──石垣島 14m 2010.11.15

●ミツボシキュウセン／幼魚（1cm）
石垣島 5m 2010.11.14

●ミツボシキュウセン／幼魚（2cm）
石垣島 5m 2011.11.15

●ミツボシキュウセン／若魚（3cm）
石垣島 8m 2011.6.24

●ミツボシキュウセン／若魚（4cm） ── 石垣島 8m 2011.6.24

●ミツボシキュウセン／雌（7cm） ── 石垣島 14m 2010.11.15

●ミツボシキュウセン／雌／成魚（12cm） ── 柏島 8m 2011.10.3

【キュウセン属】●ミツボシキュウセン

●セイテンベラ／雄／成魚（23cm）／婚姻色──マクタン島 12m 2010.3.7

セイテンベラ

Halichoeres scapularis (Bennett, 1832)

- タイプ産地──Mauritius
- 英名────Zigzag Wrasse
- キュウセン属

　幼魚は吻に1黒色点と尾柄上部に1白色斑を有する。幼魚から若魚は吻から尾鰭基部にかけて体側中央部に黒色縦帯が走る。成魚になると体側中央部やや上方にとおる1縦帯がファスナー模様であることが特徴。雄は単独で行動し、数か所の縄張りを巡回する。一年を通じて繁殖行動が観察される。砂地、ガレ場、サンゴ礁域の砂底で生息する。幼魚から若魚は内湾のシルト域で他のベラ科幼魚やブダイ科幼魚と混泳する。インド・西太平洋に分布する。国内では、南日本太平洋岸、伊豆諸島、小笠原諸島、琉球列島に生息する。

●セイテンベラ／雄／成魚（20cm）──石垣島 10m 2010.11.14

●セイテンベラ／雄／成魚（23cm）／婚姻色
────マクタン島 12m 2010.3.7

●セイテンベラ／幼魚（2cm）——石垣島 8m 2011.6.24

●セイテンベラ／若魚（4cm）——セブ島 3m 2010.3.11

●セイテンベラ／若魚（6cm）——屋久島 11m 2011.12.11

●セイテンベラ／雌（8cm）——パラオ 8m 2009.4.6

●セイテンベラ／雌／成魚（10cm）——石垣島 2m 2010.11.15

【キュウセン属】●セイテンベラ

●トカラベラ／雄／老成魚（25cm）——西表島 13m 2009.6.16

トカラベラ
Halichoeres hortulanus (Lacepède, 1801)

- ●タイプ産地 —— Mauritius
- ●英名 —— Checkerboard Wrasse
- ●キュウセン属

　幼魚から若魚にかけて、背鰭に1眼状斑、尾鰭基部の上下端にそれぞれ白色斑があるのが特徴。潮通しの良い、ガレ場、岩礁、サンゴ礁域に生息する。幼魚は岩陰などの薄暗い環境を好む。雄成魚は尾鰭縁が赤く染まる。行動範囲は広い。琉球列島では普通種だが、成熟した雄は少ない。インド・太平洋に広く分布するが、ハワイには出現しない。国内では南日本太平洋岸、伊豆諸島、小笠原諸島、琉球列島に生息する。

●トカラベラ／繁殖行動——西表島 13m 2009.6.16 11:07 am

●トカラベラ／幼魚（1cm）──沖縄本島中部 8m 2011.9.13

●トカラベラ／幼魚（2cm）──伊豆海洋公園 7m 2009.7.12

●トカラベラ／若魚（4cm）──久米島 11m 2010.5.23

●トカラベラ／若魚（6cm）──沖縄本島中部 13m 2008.11.6

●トカラベラ／雌／成魚（12cm）──柏島 10m 2009.8.23

【キュウセン属】● トカラベラ

●ムナテンベラ／雄／成魚（17cm）──屋久島 12m 2011.12.11

ムナテンベラ

Halichoeres melanochir Fowler and Bean, 1928

- タイプ産地────Philippines
- 英名─────Orangefin Wrasse
- キュウセン属

　本種の幼魚はカノコベラの幼魚に似るが、青い体色とオレンジ色の腹鰭によって区別される。若魚では、幼魚時みられた白色縦帯が暗色縦帯に変化する。雄成魚は体側に黒色点が無数に入り、背鰭、腹鰭、臀鰭、尾鰭にオレンジ色の模様が美しく光る。腹鰭は成長してもオレンジ色のまま。背鰭前部の青色斑や胸鰭基部の黒色斑も幼魚から成魚までみられる。潮通しの良い、岩礁、ガレ場、サンゴ礁域に生息する。南東インド洋と西太平洋に分布する。国内では南日本太平洋岸、伊豆諸島、小笠原諸島、琉球列島に生息する。

●ムナテンベラ／雄／成魚（17cm）──屋久島 18m 2010.6.6

●ムナテンベラ／幼魚（2cm）——— 柏島 12m 2009.7.27 　　●ムナテンベラ／幼魚（3cm）——— 阿嘉島 8m 2011.9.10 　　●ムナテンベラ／若魚（4cm）——— 屋久島 6m 2009.9.6

●ムナテンベラ／若魚（5cm）——— 柏島 15m 2010.12.17 　　●ムナテンベラ／若魚（7cm）——— 沖縄本島中部 12m 2011.9.13

●ムナテンベラ／若魚（8cm）——— 屋久島 6m 2009.11.27 　　●ムナテンベラ／雌（9cm）——— 柏島 13m 2010.10.25

●ムナテンベラ／雌／成魚（11cm）——— 沖縄本島中部 12m 2010.9.9

【キュウセン属】●ムナテンベラ

●ムナテンベラダマシ／雄／成魚（13cm）──屋久島 13m 2009.9.7

ムナテンベラダマシ

Halichoeres prosopeion (Bleeker, 1853)

- タイプ産地 ── Ambon, Indonesia
- 英名 ── Two-tone Wrasse
- キュウセン属

　幼魚から若魚にかけては体側に4本の黒色縦帯、背鰭に1黒色斑と1黒色点、尾鰭基底に1黒色点があるが、成長にともなって消失する。成魚になると、眼後方に青色斑が出現する。背鰭前方にある2黒色斑は若魚から成魚までみられる。岩礁、サンゴ礁域に生息する。西太平洋に分布し、国内では南日本太平洋岸と琉球列島に生息する。

●ムナテンベラダマシ／雄／成魚（10cm）──屋久島 17m 2009.9.7

●ムナテンベラダマシ／雌／成魚（8cm）──屋久島 13m 2011.8.15

●ムナテンベラダマシ／幼魚（2cm）——阿嘉島 12m 2011.9.12

●ムナテンベラダマシ／若魚（3cm）——屋久島 5m 2011.12.10

●ムナテンベラダマシ／若魚（4.5cm）——石垣島 8m 2010.11.3

●ムナテンベラダマシ／雌／成魚（6cm）——マクタン島 5m 2010.3.8

●ムナテンベラダマシ／雌／成魚（8cm）——石垣島 15m 2010.11.13

【キュウセン属】●ムナテンベラダマシ

●カンムリベラ／雄／成魚（45cm）──阿嘉島 8m 2011.9.10

カンムリベラ

Coris aygula Lacepède, 1801

- ●タイプ産地──Mauritius
- ●英名───── Clown Wrasse
- ●カンムリベラ属

●カンムリベラ／雄／老成魚（55cm）──久米島 8m 2009.12.10

　ベラ科の中でも特に大型に成長し、各成長段階で体色が劇的に変化する。老成魚は頭頂部がコブ状に突き出る。成熟した雄は尾鰭軟条が長く伸びるのも特徴。若魚は体側前方に黒色点が散在し、体側後方は灰色を呈する。体側前方と後方の模様間には白色横帯が入る。幼魚は背鰭に2眼状斑があり、それぞれの眼状斑から体側中心部にかけて橙黄色斑が重なるように入る。この愛らしい幼魚はダイバーにも人気で、水深の浅い岩陰などの薄暗い環境で観察される。潮通しの良い、ガレ場、岩礁、砂地、サンゴ礁域に生息する。ハワイ、アラビア湾を除くインド・太平洋に広く分布する。国内では、南日本太平洋岸、伊豆諸島、小笠原諸島、琉球列島に生息する。

●カンムリベラ／幼魚（2cm）──柏島 6m 2009.7.26　●カンムリベラ／幼魚（3cm）──柏島 10m 2009.8.25　●カンムリベラ／若魚（5cm）──久米島 12m 2009.12.11

●カンムリベラ／若魚（10cm）──久米島 8m 2010.5.24　●カンムリベラ／若魚（12cm）──石垣島 10m 2011.6.27　●カンムリベラ／雌（18cm）──阿嘉島 5m 2011.9.12

●カンムリベラ／繁殖行動──八丈島 5m 2011.11.28 12:44 pm　●カンムリベラ／幼魚（2cm）──伊豆大島 5m 2011.10.17

●カンムリベラ／雌／成魚（35cm）──沖縄本島中部 10m 2009.12.10

【カンムリベラ属】●カンムリベラ

183

●ツユベラ／雄／老成魚（32cm）／婚姻色——阿嘉島 8m 2011.11.5

ツユベラ

Coris gaimard (Quoy and Gaimard, 1824)

- タイプ産地────Hawaiian Islands
- 英名─────Yellowtail Coris
- カンムリベラ属

●ツユベラ／繁殖行動
雄は雌の上で旋回し、胸鰭と腹鰭を激しく動かし、長く伸びる背鰭第1棘を立てアプローチする
──石垣島 12m 2011.11.2 3:29 pm

　本種は成長段階によって劇的な体色変化がみられる。若魚から成魚は青色点が散在し、後方に向かうほど青色点の密度が増す。雄成魚は背鰭1棘がいちじるしく伸長する。体側中央部にある黄色横帯が太く、色も濃くなるのが雄の婚姻色。ダイバーがフィンで砂を巻き上げたときや、ゴロタ石などをひっくり返したときは近寄ってくるほど警戒心が少なく、好奇心・食欲が旺盛。特にエビやカニなどの甲殻類を好むようだ。夜になると砂の中に潜り寝る。ゴロタ、砂地、ガレ場、サンゴ礁域などに生息する。東インド洋と太平洋に分布。国内では南日本太平洋岸、伊豆諸島、小笠原諸島、琉球列島でごく普通にみられる。

●ツユベラ／幼魚（2cm）——屋久島 8m 2011.8.16
●ツユベラ／幼魚（3cm）——セブ島 3m 2010.3.9
●ツユベラ／幼魚（5cm）——柏島 12m 2008.8.23
●ツユベラ／若魚（6cm）——阿嘉島 4m 2011.11.6
●ツユベラ／若魚（10cm）——柏島 12m 2008.8.23
●ツユベラ／若魚（12cm）——柏島 8m 2008.9.5
●ツユベラ／雌／成魚（14cm）——柏島 13m 2009.8.25 
●ツユベラ／雄／成魚（33cm）／婚姻色——柏島 6m 2009.9.29 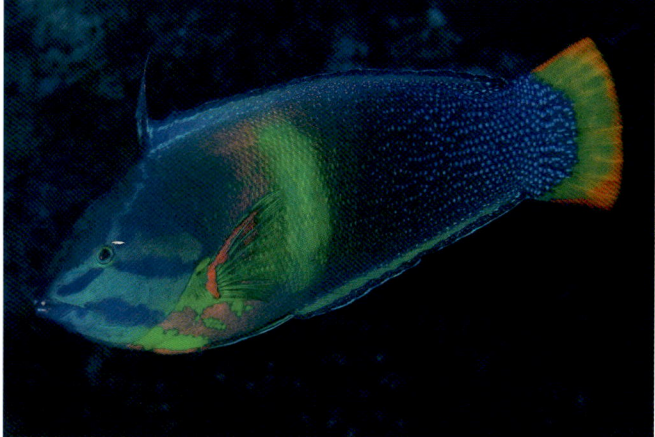
●ツユベラ／雌／成魚（22cm）——石垣島 8m 2011.11.2 

185

●シチセンムスメベラ／雄／成魚（18cm）──石垣島 15m 2011.11.2

シチセンムスメベラ
Coris batuensis (Bleeker, 1856)

- ●タイプ産地──Batu Islands, Indonesia
- ●英名────Batu Rainbow Wrasse
- ●カンムリベラ属

　本種の雌雄は互いに似るが、雌成魚は臀鰭に橙色斑が散在すること、雄成魚は臀鰭に青色縦帯が走ることから雌雄の識別が可能である。幼魚から若魚にかけて、背鰭には3眼状斑があり、尾鰭基部にも1青色斑がある。これらの斑は成長にともない、背鰭中心部の眼上斑を除き消失する。ダイバーがフィンで巻き上げる砂煙の周りに近寄り、底生動物を探す光景がしばしば観察される。幼魚はサンゴの間に身を隠し生活する。東インド洋と西太平洋に分布。国内では南日本太平洋岸、小笠原諸島、琉球列島に生息する。

●シチセンムスメベラ／雄／老成魚（20cm）──阿嘉島 6m 2011.9.11

●シチセンムスベラ／幼魚（1cm）——阿嘉島 2m 2011.9.11　　●シチセンムスベラ／幼魚（2cm）——石垣島 13m 2010.11.15　　●シチセンムスベラ／幼魚（3cm）——沖縄本島中部 2m 2010.9.10

●シチセンムスベラ／幼魚（4cm）——阿嘉島 2m 2011.9.11　　●シチセンムスベラ／幼魚（4cm）——阿嘉島 2m 2011.9.11　　●シチセンムスベラ／若魚（5cm）——屋久島 5m 2009.9.6

●シチセンムスベラ／若魚（6cm）——阿嘉島 3m 2011.9.11 　　●シチセンムスベラ／雌／成魚（8cm）——沖縄本島中部 1m 2009.4.4

●シチセンムスベラ／雌／成魚（10cm）——屋久島 8m 2009.9.6

【カンムリベラ属】シチセンムスベラ

●スジベラ／雄／成魚（20cm）──伊豆大島 15m 2010.10.17

スジベラ

Coris dorsomacula Fowler, 1908

- ●タイプ産地──Victoria, Australia (may be in error)
- ●英名────Palebarred Coris
- ●カンムリベラ属

　幼魚から雌にかけて、鰓蓋後縁に1黒色斑があり、その黒色斑の後縁は黄色で縁取られる。また背鰭後部基底にも1小黒色斑がある。幼魚、若魚、雌の体色は赤茶系が多いが色彩変異は豊富。成熟した個体は、胸鰭と臀鰭の間付近に、クラウン（王冠）のような模様が出現する場合もある。ダイバーのフィンによって攪拌された場所で底生動物を探す場面がよくみられる。砂地、ガレ場、藻場、サンゴ域の温帯域から熱帯域まで広く生息する普通種。西太平洋に分布し、インド洋ではココスキーリング諸島から知られる。国内では南日本太平洋岸、伊豆諸島、小笠原諸島、琉球列島に分布する。

●スジベラ／雄／成魚（20cm）──柏島 13m 2009.6.28

●スジベラ／幼魚（2cm）——沖縄本島中部 18m 2011.7.9

●スジベラ／若魚（3cm）——石垣島 18m 2012.4.6

●スジベラ／幼魚（4cm）——伊豆海洋公園 22m 2011.7.25

●スジベラ／若魚（5cm）——石垣島 11m 2011.6.27

●スジベラ／若魚（7cm）——沖縄本島中部 18m 2011.7.9

●スジベラ／雌／成魚（10cm）——伊豆大島 8m 2010.10.16

●スジベラ／雌／成魚（10cm）——屋久島 8m 2009.9.6

【カンムリベラ属】スジベラ

●ムスメベラ／雄／成魚（22cm）──柏島 38m 2010.12.17

ムスメベラ

Coris picta (Bloch and Schneider, 1801)

- ●タイプ産地──New South Wales, Australia
- ●英名────Australian Comb Wrasse
- ●カンムリベラ属

　雄成魚は体側の太い黒色縦帯の下部が鋸の刃のようにギザギザ模様になり、吻端から頭頂部にかけて赤褐色を帯びる。小石をひっくり返したり、砂に頭を突っ込んだりして底生動物を索餌する場面がみられる。幼魚はサンゴや岩礁に身を隠すことが多いが、他の魚をクリーニングする場面も観察される。潮通しの良い、岩礁、砂地、サンゴ礁域の、やや深場に生息する。南日本太平洋岸と伊豆諸島に生息する。

●ムスメベラ／雄／成魚（22cm）／胸鰭の先だけ青色に染まる
──柏島 38m 2010.12.17

●ムスメベラ／幼魚（1cm）——小笠原・父島 12m 2010.7.10

●ムスメベラ／幼魚（2cm）——伊豆海洋公園 23m 2011.7.24

●ムスメベラ／幼魚（3cm）——伊豆大島 32m 2010.10.16

●ムスメベラ／若魚（6cm）——伊豆海洋公園 8m 2009.7.12

●ムスメベラ／雌／成魚（10cm）——柏島 28m 2010.10.25

●ムスメベラ／若魚（7cm）／シラコダイをクリーニングする——伊豆海洋公園 8m 2009.7.11

●ムスメベラ／雌／成魚（15cm）——柏島 28m 2010.10.25

●シラタキベラダマシ／雌／成魚（12cm）——嘉比島 15m 2011.11.5

シラタキベラダマシ

Pseudocoris aurantiofasciata
Fourmanoir, 1971

- タイプ産地——Tuamotu Archipelago
- 英名————Orangebarred Wrasse
- シラタキベラダマシ属

　雌の体色は一様に緑色を呈し、吻がやや黄色味を帯びる。雄成魚は体色全体が暗緑色で、体側に数本の暗色や白色横帯が入り、尾鰭の上葉と下葉が糸状に伸長する。本属では最大の種。国内では2006年から雄成魚の確認例がほとんどない。成魚は潮が流れる中層を好み、素早く泳ぐ。幼魚はサンゴ礁域で他ベラ科魚類と混泳している。南東インド洋・西太平洋に分布する。国内では、南日本太平洋岸、伊豆諸島、小笠原諸島、琉球列島に生息する。

●シラタキベラダマシ／幼魚（3cm）——屋久島 20m 2010.6.22

●シラタキベラダマシ／若魚（6cm）——伊豆大島 35m 2011.10.16

●シラタキベラダマシ属の1種／雄／成魚（12cm）────伊豆海洋公園 18m 2009.7.11

シラタキベラダマシ属の1種
Pseudocoris ocellata Chen and Sao, 1995

- ●タイプ産地──── Southern Taiwan
- ●英名──────── Taiwan Torpedo Wrasse
- ●シラタキベラダマシ属

　雄は金色を呈し、体側中央付近にある2黒色斑が特徴。雌の体色は赤褐色で、体側に2本の茶色縦線、尾鰭基部に1黒色斑がある。日本では1994年頃、伊豆大島で初めて観察され、1997年9月に雄雌の写真が撮影されている。和歌山県でも幼若魚が確認されている。台湾と南日本に分布する。南日本太平洋岸と伊豆諸島で観察されているが、国内産の標本は得られていない。稀種。

●シラタキベラダマシ属の1種／雌／成魚（7cm）────伊豆大島 15m 2010.10.16

●シラタキベラ／雄／成魚（13cm）──柏島 28m 2007.10.13

シラタキベラ

Pseudocoris bleekeri (Hubrecht, 1876)

- ●タイプ産地── Moluccas, Indonesia
- ●英名────── Yellowband Wrasse
- ●シラタキベラダマシ属

　雄は体側中央部に大きな黄色斑がありその前縁には黒色横帯がある。背鰭第1棘が独立して伸びるのも特徴である。ヤマシロベラと同様に、下顎から臀鰭にかけてうっすら青色に染まるのが美しい。幼魚はヤマシロベラ幼魚と似るが頭部から体側に走る白色2本縦帯が太く尾柄まで走る。また成長すると鰓蓋後縁、尾鰭基部に黒色斑が出現する。雌もヤマシロベラの雌に似るが、鰓蓋後縁と尾鰭基部にそれぞれ1黒色斑があることで区別される。本種の学名は多くの図鑑で*Pseudocoris philippina* (Fowler and Bean, 1928)とされているが、これは*Pseudocoris bleekeri* (Hubrecht, 1876)の新参同物異名である。潮通しの良い、岩礁、サンゴ礁域でハレムを作り他ベラ科魚類と群れて生活する。特にヤマシロベラと混泳することが多い。南日本太平洋岸、伊豆諸島、琉球列島からインドネシアまでの西太平洋に分布する。

●シラタキベラ／幼魚（3cm）──西表島 18m 2009.6.12

●シラタキベラ／性転換中（8cm）──西表島 23m 2009.6.15

●シラタキベラ／性転換中（10cm）──阿嘉島 16m 2011.11.5

●シラタキベラ／雄／成魚（12cm）──柏島 23m 2008.8.22

●シラタキベラ／雌／成魚（8cm）／奥に写るのはヤマシロベラの雌──西表島 25m 2009.6.15

【シラタキベラダマシ属】●シラタキベラ

●ヤマシロベラ／雄／成魚（15cm）──柏島 32m 2010.12.17

ヤマシロベラ

Pseudocoris yamashiroi (Schmidt, 1931)

- タイプ産地──Okinawa, Japan
- 英名────Pink Torpedo Wrasse
- シラタキベラダマシ属

　幼魚から若魚にかけて、体色は薄いオレンジ色を呈し、頭部から体側にかけて薄い白色縦帯が走る。雌成魚は眼後方から鰓蓋後縁まで青色を帯びる。本種の雌成魚は、シラタキベラの雌に似るが、後者は鰓蓋後縁と尾鰭基部にそれぞれ1黒色斑があることで区別される。雄成魚は体が薄い緑色を呈し、背鰭第1棘がいちじるしく伸長する。繁殖行動時の雄は体側上部が深緑色、体側下部が青白く光り、顎下周辺がより深い青色になる。また、臀鰭基部上の体側下部に黄色点が浮かび上がる。潮通しの良い、岩礁、ガレ場、サンゴ礁域で数匹のハレムを形成する。インド・西太平洋に分布する。国内では、南日本太平洋岸、伊豆諸島、小笠原諸島、琉球列島に生息する。

●ヤマシロベラ／成魚（15cm）／婚姻色──石垣島 16m 2010.11.15

●ヤマシロベラ／繁殖行動──柏島 28m 2010.12.17 11:35 am

● ヤマシロベラ／幼魚（1cm）——阿嘉島 8m 2011.9.11　　● ヤマシロベラ／幼魚（2cm）——久米島 10m 2010.5.24　　● ヤマシロベラ／幼魚（3cm）——柏島 16m 2010.10.24

● ヤマシロベラ／若魚（4cm）——柏島 18m 2010.3.10　　● ヤマシロベラ／若魚（5cm）——伊豆大島 12m 2010.10.16　　● ヤマシロベラ／若魚（6cm）——柏島 12m 2010.10.25

● ヤマシロベラ／雌／成魚（10cm）——柏島 25m 2009.8.25 　　● ヤマシロベラ／性転換中（12cm）——柏島 24m 2010.8.29

● ヤマシロベラ／雌／成魚（10cm）——石垣島 16m 2010.11.15

【シラタキベラダマシ属】● ヤマシロベラ

●ヤマシロベラ×シラタキベラの交雑個体？／雄／成魚（13cm） ――柏島 32m 2010.8.29

ヤマシロベラ×シラタキベラの交雑個体？
? *Pseudocoris yamashiroi* × *Pseudocoris bleekeri*

●シラタキベラダマシ属

　本個体はヤマシロベラの雄と似るが、体側上部に楕円形の暗色斑紋が無数にあることで異なる。またシラタキベラにみられる背鰭基部にも暗色斑が並び、体側中央の黄色斑紋もうっすらと確認できる。シラタキベラとヤマシロベラの交雑個体である可能性が高い。外洋に面した潮通しの良い岩礁のやや深場でヤマシロベラの雌と混泳していた。

●ヤマシロベラ×シラタキベラの交雑個体？／雄／成魚（13cm）
――柏島 32m 2010.8.29

【シラタキベラダマシ属】● ヤマシロベラ×シラタキベラの交雑個体？

● ヤマシロベラ×シラタキベラの交雑個体？／雄／成魚（13cm）——— 柏島 32m 2010.8.29

● ヤマシロベラ×シラタキベラの交雑個体？／雄／ヤマシロベラの雌に求愛していた——— 柏島 32m 2010.8.29

●シロタスキベラ／成魚（30cm）／婚姻色——嘉比島 16m 2011.11.5

シロタスキベラ

Hologymnosus doliatus (Lacepède, 1801)

- タイプ産地──Mauritius
- 英名────Pastel Ringwrasse
- シロタスキベラ属

　幼魚は体側に赤褐色の縦帯が走るが、成長にともない、まるで骨を映し出すような規則的な横帯が出現する。鰓蓋後縁に黒色斑の後縁は黄色で縁取られる。体側に明瞭な白色横帯が出現し、頭部と横帯の間が暗色になるのが婚姻色。食欲・好奇心旺盛なベラで、小石やサンゴの死骸、砂などをあさり、底小動物を探す行動がよく観察される。ヒメジ科魚類と混泳することもしばしば。雄成魚は広範囲を単独で泳ぐ。幼魚はやや浅い水深で数匹で群れる。ガレ場、岩礁、砂地、サンゴ礁域に生息する。インド・西太平洋に分布する。国内では、南日本太平洋岸、伊豆諸島、小笠原諸島、琉球列島に生息する。

●シロタスキベラ／雄／成魚（28cm）——阿嘉島 18m 2011.9.10

●シロタスキベラ／雄／成魚（28cm）——阿嘉島 22m 2011.9.11

●シロタスキベラ／幼魚（1.5cm）──柏島 8m 2008.6.13　　●シロタスキベラ／幼魚（4cm）──柏島 12m 2009.8.25　　●シロタスキベラ／若魚（6cm）──屋久島 6m 2011.8.14

●シロタスキベラ／若魚（8cm）──屋久島 4m 2009.9.7　　●シロタスキベラ／若魚（10cm）──屋久島 7m 2009.3.21　　●シロタスキベラ／若魚（12cm）──屋久島 11m 2009.9.7

●シロタスキベラ／幼魚の群れ（1-2.5cm）──久米島 10m 2010.5.24 　　●シロタスキベラ／雌／成魚（16cm）──屋久島 10m 2010.6.5

●シロタスキベラ／雌／成魚（20cm）──屋久島 18m 2011.12.12

【シロタスキベラ属】● シロタスキベラ

Hologymnosus　201

●ナメラベラ／雄／老成魚（38cm）──阿嘉島 15m 2011.11.5

ナメラベラ

Hologymnosus annulatus (Lacepède, 1801)

- ●タイプ産地──Mauritius
- ●英名────Ringwrasse
- ●シロタスキベラ属

　本種はシロタスキベラに似るが、下唇が黒いこと、頬に線が入らないことから識別される。幼魚は体色が黒く、体側上部に薄黄色縦帯が走る。尾柄部とそのやや前方が白色を帯びるのが婚姻色。成魚はサンゴの根元などのえぐれた部分を寝床とする。行動範囲はかなり広い。潮通しの良い、岩礁、サンゴ礁域に生息する。ハワイを除くインド・太平洋に分布する。国内では南日本太平洋岸、伊豆諸島、小笠原諸島、琉球列島に生息する。

●ナメラベラ／雄／老成魚(38cm)／婚姻色──阿嘉島 15m 2011.11.5

202　*Hologymnosus*

●ナメラベラ／幼魚（2cm）――― 石垣島 6m 2011.8.16

●ナメラベラ／幼魚（4cm）――― 石垣島 6m 2011.8.16

●ナメラベラ／若魚（6cm）――― 石垣島 18m 2010.11.15

●ナメラベラ／若魚（10cm）――― 阿嘉島 8m 2011.11.7

●ナメラベラ／雌／成魚（20cm）――― 沖縄本島中部 13m 2011.7.10

[シロタスキベラ属] ● ナメラベラ

Hologymnosus 203

●アヤタスキベラ／若魚（15cm）——柏島 38m 2008.6.13

アヤタスキベラ

Hologymnosus rhodonotus
Randall and Yamakawa, 1988

- タイプ産地——Okinawa, Japan
- 英名————Red Cigar Wrasse
- シロタスキベラ属

　幼魚は体側の縦帯が暗色で、若魚になると赤色縦帯になり、さらに成長すると尾鰭から前方に向かって縦帯が薄くなり、成魚になると縦帯が消失する。成魚は大型になり、ダイバーによる撮影が難しい水深80m以深に生息する。潮通しの良い、ゴロタ、岩礁、サンゴ礁域のやや深場に生息し、他のベラ科魚類と混泳する。南東インド洋と西太平洋に分布する。国内では、南日本太平洋岸、伊豆諸島、琉球列島に生息する。

●アヤタスキベラ／若魚（10cm）——柏島 30m 2008.9.5

[シロタスキベラ属] ●アヤタスキベラ

●アヤタスキベラ／若魚（15cm）──柏島 20m 2008.6.13

●アヤタスキベラ／若魚（10cm）──柏島 16m 2010.8.31

Hologymnosus　205

●イトヒキベラ／雄／成魚（12cm）——柏島 18m 2010.6.10

イトヒキベラ

Cirrhilabrus temminckii Bleeker, 1853

- ●タイプ産地——Nagasaki, Japan
- ●英名————Temminck's Fairy Wrasse
- ●イトヒキベラ属

　雄成魚は腹鰭軟条が伸長し、後頭部が盛り上がる。求愛時、体全体がメタリックブルーに輝く。幼魚は吻端が白く、体側に細い青色縦帯が走り尾柄部に1黒色斑がある。本種はイトヒキベラ属の中でも日本列島で最も広く分布する。ハレムを形成し、水深20m付近の中層を泳ぐ。動物プランクトンを主食とする。春から梅雨頃にかけて、繁殖行動がよく観察される。幼魚はゴロタ石やガレ場の隙間で同属他種の幼魚と群れる。イトヒキベラ属の分類はまだ不明な点が多く、今後の調査が必要である。日本から西オーストラリアにかけて生息する。国内では、南日本太平洋岸、伊豆諸島、小笠原諸島、琉球列島に分布する。

●イトヒキベラ／雄／成魚（12cm）／婚姻色——柏島 18m 2009.5.28

●イトヒキベラ／雄／成魚（12cm）／婚姻色——柏島 12m 2006.6.16

●イトヒキベラ／幼魚（2cm）——柏島 8m 2010.6.28
●イトヒキベラ／幼魚（3cm）——柏島 12m 2010.8.31 
●イトヒキベラ／若魚（4cm）——柏島 23m 2010.10.25 
●イトヒキベラ／若魚（5cm）——柏島 12m 2011.10.26 
●イトヒキベラ／若魚（5cm）——柏島 28m 2010.10.25 
●イトヒキベラ／繁殖行動——柏島 18m 2011.3.27 1:52 pm 
●イトヒキベラ／雌／成魚（7cm）——屋久島 10m 2010.6.6 

【イトヒキベラ属】● イトヒキベラ

Cirrhilabrus 207

●イトヒキベラ属の1種-1／雄／成魚（12cm）──屋久島 28m 2010.6.7

イトヒキベラ属の1種-1
Cirrhilabrus sp.1

●イトヒキベラ属

　イトヒキベラとゴシキイトヒキベラ両種の色彩を有するが雄雌共にゴシキイトヒキベラの特徴でもある胸鰭基部の黒色斑が本種にはなく体側中央部には大きな暗色斑がある。雄成魚では、ゴシキイトヒキベラに見られる背鰭、臀鰭の中央部に走る青色縦帯が本種雄では破線縦帯である。イトヒキベラ属の分類は、まだ不明な点が多く、今後の調査が必要である。潮通しの良い、岩礁、ガレ場、サンゴ域などでハレムを形成する。南日本太平洋岸と琉球列島から確認されている。

●イトヒキベラ属の1種-1／雄／成魚（12cm）／婚姻色
──屋久島 28m 2010.6.7

【イトヒキベラ属】● イトヒキベラ属の1種−1

●イトヒキベラ属の1種−1／雄と繁殖行動を行っていた雌個体（8cm）──屋久島 28m 2010.6.7

●イトヒキベラ属の1種−1／雄と繁殖行動を行っていた雌個体（8cm）──屋久島 28m 2010.6.7

Cirrhilabrus 209

●ゴシキイトヒキベラ／雄／成魚（12cm）────パラオ 23m 2008.2.25

ゴシキイトヒキベラ
Cirrhilabrus katherinae Randall, 1992

- ●タイプ産地────Miyake-jima, Japan
- ●英名────Katherine's Fairy Wrasse
- ●イトヒキベラ属

　本種の幼魚は同属他種の幼魚に似るが、胸鰭基部に黒色斑と尾柄部上方に黒色斑があること、頭部背面が暗緑色を帯びること、背鰭基底に沿って黄色味を帯びることによって識別される。雌成魚も同じだが体側上部が赤色、体側下部が白色と、より明確な色彩になる。雄成魚ではイトヒキベラと似るが、胸鰭基部に黒色斑があり背鰭、臀鰭中央部に青色縦帯が走る。婚姻色では体側上部に無数の青色点が出現する。潮通しの良いガレ場、岩礁、サンゴ域に生息する。水深20m以深からの観察例が多い。稀種。北西太平洋に分布し、国内では南日本太平洋岸、伊豆諸島、琉球列島から確認されている。

●ゴシキイトヒキベラ／幼魚（2cm）──西表島 18m 2009.6.15

●ゴシキイトヒキベラ／雄（8cm）──西表島 18m 2006.11.30

●ゴシキイトヒキベラ／雄／成魚（10cm）──屋久島 18m 2011.8.15

●ゴシキイトヒキベラ／雄／成魚（12cm）／婚姻色──パラオ 18m 2009.4.6

●ゴシキイトヒキベラ／雌（7cm）──石垣島 11m 2011.11.3

●クロヘリイトヒキベラ／雄／成魚（12cm）——— パラオ 18m 2008.2.25

クロヘリイトヒキベラ
Cirrhilabrus cyanopleura (Bleeker, 1851)

- タイプ産地 ——— Java, Indonesia
- 英名 ——— Blue-Scaled Fairy Wrasse
- イトヒキベラ属

　成熟した雄は、背鰭後部と臀鰭後部、尾鰭が伸長し、メタリックブルーに美しく光る。胸鰭基部に青色帯があるのも特徴。幼魚は体が赤褐色を帯び、吻に白色斑があり尾柄に黒色斑がある。イトヒキベラ幼魚と似るが後者は体側に複数の細い青色線が走ることで区別できる。潮通しの良い、岩礁、ガレ場、サンゴ礁域の斜面にハレムを形成する。幼魚はサンゴの根元や岩陰に数匹で群れる。リロアンでは、本種の幼魚数匹がイソギンチャクの中でクマノミと共に生活するところが観察された。東インド洋と西太平洋に分布する。国内では、南日本太平洋岸と琉球列島に生息する。

●クロヘリイトヒキベラ／雄／成魚（13cm）——— 屋久島 15m 2010.6.6

●クロヘリイトヒキベラ／幼魚（2cm）——沖縄本島中部 8m 2011.7.9

●クロヘリイトヒキベラ／幼魚（3cm）——石垣島 10m 2011.11.3

●クロヘリイトヒキベラ／雌（6cm）——柏島 15m 2008.8.22

●クロヘリイトヒキベラ／雌／成魚（8cm）——西表島 25m 2008.6.26

●クロヘリイトヒキベラ？／雌／成魚（8cm）／ベニヒレイトヒキベラと混泳
——沖縄本島中部 55m 2008.11.5

●クロヘリイトヒキベラ？／雌／成魚（10cm）
——沖縄本島中部 55m 2008.11.5

●クロヘリイトヒキベラ？／雄／成魚（14cm）——沖縄本島中部 58m 2008.11.5

●クロヘリイトヒキベラ？／雄／成魚（12cm）——沖縄本島中部 55m 2008.11.5

本種はクロヘリイトヒキベラと酷似するが、成熟個体でも腹鰭や尾鰭が伸長せず、下顎後方から尾柄部にかけて橙色を帯びることから識別される。雌も同じ。今後の分類学的研究が望まれる。水深55m以深に生息。沖縄本島からのみ確認されている。

【イトヒキベラ属】●クロヘリイトヒキベラ

●イトヒキベラ属の1種-2／雄／成魚（13cm）──屋久島 13m 2010.6.6

イトヒキベラ属の1種-2
Cirrhilabrus lyukyuensis Ishikawa, 1904

- タイプ産地──Okinawa, Japan
- 英名──Yellowflanked Fairy Wrasse
- イトヒキベラ属

　本種はクロヘリイトヒキベラに酷似するが、胸鰭基部から後方に大きな黄色斑をもつことで容易に識別される。この黄色斑は若魚や雌にもみられる。クロヘリイトヒキベラとイトヒキベラ属の1種-2の学名は便宜的にKuiter (2002)に従ったが、和名の問題も含め、今後の検討が必要である。潮通しの良い、ガレ場、岩礁、サンゴ礁域にハレムを形成する。南日本太平洋岸と琉球列島から知られている。

●イトヒキベラ属の1種-2／雄（12cm）──屋久島 20m 2009.11.27

●イトヒキベラ属の1種-2／雌（7cm）——柏島 28m 2008.4.4

●イトヒキベラ属の1種-2／雄（8cm）——屋久島 10m 2009.3.21

●イトヒキベラ属の1種-2／雄（10cm）——柏島 12m 2010.8.29

●イトヒキベラ属の1種-2／雄／老成魚（16cm）／婚姻色——マクタン島 8m 2010.3.7

●イトヒキベラ属の1種-2／雌／成魚（8cm）——マクタン島 8m 2010.3.7

【イトヒキベラ属】●イトヒキベラ属の1種-2

Cirrhilabrus 215

●ベニヒレイトヒキベラ／雄／成魚（13cm）──屋久島23m 2009.3.19

ベニヒレイトヒキベラ

Cirrhilabrus rubrimarginatus
Randall, 1992

- タイプ産地──Okinawa, Japan
- 英名──────Pinkmargin Wrasse
- イトヒキベラ属

●ベニヒレイトヒキベラ／雄／成魚（14cm）産卵色
──柏島30m 2008.6.13

●ベニヒレイトヒキベラ／雄／成魚（14cm）婚姻色
──屋久島18m 2011.8.13

　成魚は尾鰭後半部と背鰭縁辺が紅色を呈することが特徴。幼魚は体が薄桃色で、吻端から背鰭にかけて黄色味を帯び、尾柄部上方に青色で縁どられた1眼状斑がある。雄成魚は体側下部がうっすらと青味がかり、背鰭前部が黒色になる。春から初夏にかけて繁殖行動が観察される。潮通しの良い、岩礁、ガレ場、ゴロタ、サンゴ礁域にハレムを形成する。南東インド洋と西太平洋に分布し、国内では南日本太平洋岸、伊豆諸島、小笠原諸島、琉球列島に生息する。

●ベニヒレイトヒキベラ／幼魚（2cm）　——屋久島 12m　2009.3.19

●ベニヒレイトヒキベラ／幼魚（4cm）　——石垣島 18m　2010.11.13

●ベニヒレイトヒキベラ／若魚（5cm）　——阿嘉島 20m　2011.11.7

●ベニヒレイトヒキベラ／若魚（6cm）　——西表島 23m　2011.6.28

●ベニヒレイトヒキベラ／雌（8cm）　——沖縄本島中部 20m　2008.5.22

【イトヒキベラ属】●ベニヒレイトヒキベラ

●ベニヒレイトヒキベラ／雌／成魚（10cm）　——屋久島 27m　2011.8.16

Cirrhilabrus　217

●クレナイイトヒキベラ／雄／成魚（10cm）／婚姻色────柏島 38m　2006.7.14

クレナイイトヒキベラ

Cirrhilabrus katoi Senou and Hirata, 2000

- タイプ産地────Izu Islands, Japan
- 英名──────Kato's Fairy Wrasse
- イトヒキベラ属

　本種の幼魚は、同属他種の幼魚に似るが、眼下を走る青色線が眼窩直下を真っすぐ伸びることで識別される。潮通しの良い、岩礁やサンゴ域のやや深場でハレムを形成し生活する。水温が上昇する夏は、やや深い水深へ移動し、春から初夏にかけては浅場で求愛行動が観察される。本属の中でも臀鰭が大きく、繁殖行動時には頻繁に臀鰭を広げるため、鰭に傷がある個体が目立つ。南日本太平洋岸、伊豆諸島、屋久島からのみ報告されている。

●クレナイイトヒキベラ／雄／成魚（10cm）／婚姻色
────柏島 32m　2006.6.16

218　*Cirrhilabrus*

●クレナイイトヒキベラ／幼魚（3cm）——柏島 33m 2011.10.4

●クレナイイトヒキベラ／雌（6cm）——伊豆大島 18m 2010.10.16

●クレナイイトヒキベラ／雄／成魚（10cm）——柏島 33m 2011.10.4

●左写真と同一個体（フラッシング前）

●クレナイイトヒキベラ／雌／成魚（8cm）——柏島 8m 2011.3.27

【イトヒキベラ属】 クレナイイトヒキベラ

Cirrhilabrus

●ツキノワイトヒキベラ／雄／成魚（10cm）／婚姻色──柏島 35m 2008.5.31

ツキノワイトヒキベラ
Cirrhilabrus lunatus
Randall and Masuda, 1991

- ●タイプ産地──Okinawa, Japan
- ●英名──Crescenttail Fairy Wrasse
- ●イトヒキベラ属

●ツキノワイトヒキベラ／雄／成魚（10cm）／婚姻色
──柏島 35m 2011.3.28

　和名は尾鰭を月の輪に見立てたもの。雄は色彩の個体差があるが、背鰭後部と尾鰭縁辺が赤色を呈することが特徴。本種の幼魚から若魚にかけては、同属他種の幼魚に似るが、本種では眼下の縦線がまっすぐではなく、眼窩下縁に沿って湾曲しながら走ること、体側に吻から尾鰭基底にかけて薄青色破線が走ること、尾柄上部に1眼状斑があることで区別される。潮通しの良い、ガレ場、ゴロタ、サンゴ礁域にハレムを形成する。雄同士の縄張り争い中に威嚇的なフラッシングもよく観察される。琉球列島に生息する種など不明な点が多く、今後の調査が必要とされる。南日本太平洋岸、伊豆諸島、小笠原諸島、琉球列島に分布する。

●ツキノワイトヒキベラ／生息環境──西表島 28m 2008.6.25

●ツキノワイトヒキベラ／幼魚（3cm）――柏島 22m 2009.6.25

●ツキノワイトヒキベラ／若魚（4cm）――柏島 25m 2009.10.26

●ツキノワイトヒキベラ／繁殖行動――柏島 29m 2007.9.8 10:00 am

●ツキノワイトヒキベラ／性転換中（8cm）――柏島 28m 2010.10.25

●ツキノワイトヒキベラ／雄／成魚（10cm）――屋久島 32m 2009.9.7

●ツキノワイトヒキベラ／雄／成魚（10cm）――西表島 30m 2008.6.25

●ツキノワイトヒキベラ／雌／成魚（6cm）――柏島 28m 2010.6.27

【イトヒキベラ属】●ツキノワイトヒキベラ

●ツキノワイトヒキベラ×イトヒキベラ属の1種-3の交雑個体？／雄／成魚（10cm）——柏島 32m 2006.6.17

ツキノワイトヒキベラ×イトヒキベラ属の1種-3の交雑個体？
? *Cirrhilabrus lunatus* × *Cirrhilabrus* sp.3

●イトヒキベラ属

　ツキノワイトヒキベラとイトヒキベラ属の1種-3の交雑個体と考えられる。尾鰭中央が伸長することイトヒキベラ属の1種-3の特徴でもある。眼後方から胸鰭基底にかけて湾曲し尾鰭基部まで達する帯が走ることが特徴。潮通しの良い、ゴロタ石、岩礁、サンゴ礁域に生息する。ツキノワイトヒキベラやイトヒキベラ属の1種-3と同所的に多数生息する。南日本太平洋岸と琉球列島から知られている。

●ツキノワイトヒキベラ×イトヒキベラ属の1種-3の交雑個体？
雄／成魚（10cm）──柏島 32m 2006.6.17

●ツキノワイトヒキベラ×イトヒキベラ属の1種-3の交雑個体？
雄／成魚（10cm）／婚姻色──石垣島 20m 2011.11.2

●ツキノワイトヒキベラ×イトヒキベラ属の1種-3の交雑個体？
雄／成魚（8cm）──屋久島 25m 2011.12.12

●ツキノワイトヒキベラ×イトヒキベラ属の1種-3の交雑個体？
繁殖行動──柏島 28m 2010.6.27 2:58 pm

●ツキノワイトヒキベラ×イトヒキベラ属の1種-3の交雑個体？／雌と思われる個体／成魚（8cm）──石垣島 16m 2011.11.2

【イトヒキベラ属】●ツキノワイトヒキベラ×イトヒキベラ属の1種-3の交雑個体？

Cirrilabrus

●イトヒキベラ属の1種-3／雄／成魚（11cm）／婚姻色——西表島 28m 2008.6.26

イトヒキベラ属の1種-3
Cirrhilabrus sp.3

- 英名————Splendid Fairy Wrasse
- イトヒキベラ属

　幼魚は体側に複数の青色縦線が走り、尾柄上部に1青色斑があり、尾柄から尾鰭中心部にかけて尾鰭が赤色に染まる。まだ和名がないこの種は、ダイバーの間でピンテールラスと呼ばれている。同属他種と群れるが、特にツキノワイトヒキベラと混泳することが多い。上顎から眼上、鰓蓋から胸鰭基底にかけて湾曲し尾鰭基部まで走る帯が特徴。潮通しの良い、岩礁、ゴロタ、サンゴ礁域に生息し、ハレムを形成する。南日本太平洋岸と琉球列島からのみ知られている。

●イトヒキベラ属の1種-3／雄／成魚（12cm）／婚姻色
——屋久島 36m 2009.9.7

●イトヒキベラ属の1種-3／幼魚（2cm）——柏島 18m 2009.7.26

●イトヒキベラ属の1種-3／若魚（4cm）——柏島 35m 2006.11.29

●イトヒキベラ属の1種-3／性転換中（8cm）——柏島 32m 2006.11.18

●イトヒキベラ属の1種-3／雄／成魚（10cm）／婚姻色——柏島 32m 2009.5.29

●イトヒキベラ属の1種-3／雌／成魚（8cm）——屋久島 36m 2009.9.7

●ヤリイトヒキベラ／雄／成魚（17cm）／婚姻色──沖縄本島中部 55m 2008.5.22

ヤリイトヒキベラ
Cirrhilabrus lanceolatus Randall and Masuda, 1991

- タイプ産地── Okinawa, Japan
- 英名────── Longtail Fairy Wrasse
- イトヒキベラ属

　尾鰭中央部が著しく伸長するのが特徴。体色は薄桃色で、眼後部から背鰭基底と胸鰭基部に向かって2本の濃桃色帯が伸びる。また、背鰭基底、臀鰭基底、尾鰭基底に沿って紫色帯が走る。幼魚は体側上部に白色点が規則正しく並ぶ。本種は、体をへの字のように曲げた状態でホバーリングしているところが良く観察される。外洋に面した、潮通しの良い、岩礁、ゴロタ、ガレ場、サンゴ礁域などの深い水深に生息する。稀種。南日本太平洋沿岸、伊豆諸島、琉球列島にのみ分布する。

●ヤリイトヒキベラ／雄／成魚（17cm）──沖縄本島中部 55m 2008.5.22

●ヤリイトヒキベラ／幼魚（3cm）────沖縄本島中部 56m 2008.11.5

●ヤリイトヒキベラ／若魚（5cm）────沖縄本島中部 52m 2008.11.5

●ヤリイトヒキベラ／雄／成魚（17cm）────沖縄本島中部 55m 2008.5.22

●ヤリイトヒキベラ／雄／成魚（15cm）────柏島 35m 2010.6.28

●ヤリイトヒキベラ／雌／成魚（10cm）────沖縄本島中部 56m 2008.11.5

【イトヒキベラ属】●ヤリイトヒキベラ

●トモシビイトヒキベラ／雄／成魚（18cm）／婚姻色──屋久島 23m 2011.12.12

トモシビイトヒキベラ

Cirrhilabrus melanomarginatus Randall and Shen, 1978

- タイプ産地──Taiwan
- 英名────Blackfin Fairy Wrasse
- イトヒキベラ属

　本種の幼魚は同属他種の幼魚に似るが、体色が薄紫色を呈すること、吻周辺が黄色味を帯びること、尾鰭基部に1黒色斑があること、体側に規則正しく白色点が並ぶことから識別可能。若魚は体側の白色点や尾鰭基部の黒色斑が薄れ、眼後方から体側中央部まで青暗色を帯びる。雄は尾鰭中央部が伸長するが、雌の尾鰭後縁は円い。繁殖行動時に雄の眼から背鰭の間、胸鰭上、体側中央部に白色横帯が出現する。イトヒキベラ属の中では、最も大型になる。成魚は群れを作り、中層をふわふわ泳ぐ。やや浅場の転石やガレ場などに数匹で生活する。北西太平洋に分布する。国内では南日本太平洋岸、伊豆諸島、小笠原諸島、琉球列島に生息する。

●トモシビイトヒキベラ／雄／成魚（15cm）──屋久島 5m 2009.11.27

●トモシビイトヒキベラ／雄／老成魚（20cm）──屋久島 10m 2009.3.19

●トモシビイトヒキベラ／幼魚（2cm）
──西表島 5m 2009.6.15

●トモシビイトヒキベラ／幼魚（3cm）
──阿嘉島 5m 2011.11.5

●トモシビイトヒキベラ／幼魚（4cm）
──沖縄本島中部 3m 2010.9.11

●トモシビイトヒキベラ／若魚（5cm）
──阿嘉島 5m 2011.11.6

●トモシビイトヒキベラ／雌（6cm）
──屋久島 12m 2011.12.10

●トモシビイトヒキベラ／雌／成魚（8cm）
──屋久島 10m 2010.6.8

【イトヒキベラ属】●トモシビイトヒキベラ

●トモシビイトヒキベラ／雌／成魚（10cm）──屋久島 8m 2011.8.13

Cirrhilabrus

●ニシキイトヒキベラ／雄／成魚（8cm）／婚姻色——屋久島 14m 2009.9.7

ニシキイトヒキベラ
Cirrhilabrus exquisitus Smith, 1957

- ●タイプ産地——Mozambique
- ●英名————Exquisite Wrasse
- ●イトヒキベラ属

　本種の幼魚は同属他種の幼魚に似るが、前者は尾柄部にある黒色斑が楕円形もしくは四角形であることから容易に識別される。この黒色斑は雄成魚になっても残るが、婚姻色時には薄れる。成熟した雄は、尾鰭の上下軟条が伸長する。胸鰭は透明で、赤色に縁どられる。イトヒキベラ属の中では小型種。潮通しの良い、岩礁、ガレ場、藻場、サンゴ礁域にハレムを形成して生息する。雌成魚は大きな群れを作り、同属他種などと混泳する。インド・西太平洋に分布する。国内では、南日本太平洋岸、伊豆諸島、小笠原諸島、琉球列島に生息する。

●ニシキイトヒキベラ／雄／成魚（8cm）／婚姻色——阿嘉島 13m 2011.9.9

●ニシキイトヒキベラ／雄／成魚（8cm）——柏島 10m 2010.8.29

●ニシキイトヒキベラ／幼魚（3cm）──石垣島 22m 2011.6.7

●ニシキイトヒキベラ／若魚（4cm）──八丈島 23m 2011.11.29

●ニシキイトヒキベラ／雌／成魚（6cm）──八丈島 23m 2011.11.29

●ニシキイトヒキベラ／雄／海藻域に生息する個体（8cm）──屋久島 8m 2011.8.14

●ニシキイトヒキベラ／雌／成魚（6cm）──阿嘉島 8m 2011.11.6

●クジャクベラ／雄／成魚（10cm）／婚姻色——柏島35m 2007.8.14

クジャクベラ

Paracheilinus carpenteri
Randall and Lubbock, 1981

- ●タイプ産地——Mactan Island, Philippines
- ●英名————Carpenter 's Flasher Wrasse
- ●クジャクベラ属

　本種の幼魚は、イトヒキベラ属の幼魚に似るが、眼が大きく、眼の上半分が青色で縁取られることから区別される。背鰭伸長条の数には2本から5本まで個体差がある。雄同士は、赤色体色のままテリトリー争いをするフラッシング場面が良く観察されるが、繁殖行動時には、体が黄色味を呈し、臀鰭が赤くなり、体側の青色縦帯がより明瞭になる。潮通しの良い、ガレ場、ゴロタ、サンゴ域などに幼魚や雌とハレムを作り生息する。西太平洋に分布し、国内では南日本太平洋岸、小笠原諸島、琉球列島に生息する。

●クジャクベラ／背鰭伸長条2本（10cm）
——柏島 28m 2007.12.9

●クジャクベラ／背鰭伸長条3本（10cm）
——セブ島 18m 2010.3.10

●クジャクベラ／背鰭伸長条4本（10cm）
——柏島 32m 2008.6.14

●クジャクベラ／背鰭伸長条5本（10cm）
——マクタン島 22m 2010.3.7

●クジャクベラ／幼魚（5mm）──柏島 38m 2010.10.25　●クジャクベラ／幼魚（1cm）──柏島 38m 2010.10.25　●クジャクベラ／若魚（2cm）──柏島 38m 2010.10.25

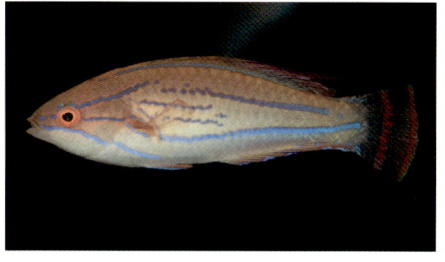

●クジャクベラ／雌（5cm）──柏島 32m 2010.8.31　●クジャクベラ／雌／成魚（8cm）──柏島 32m 2010.8.31　●クジャクベラ／雄／成魚（10cm）──柏島 28m 2008.6.14

●クジャクベラ／繁殖行動──西表島 28m 2008.6.26 10:24am　●クジャクベラ／雄／成魚（8cm）──柏島 25m 2008.6.14

●クジャクベラ／雌／成魚（7cm）──柏島 28m 2010.8.31

【クジャクベラ属】●クジャクベラ

Paracheilinus 233

●ハシナガベラ／成魚（6cm）──────石垣島 14m 2011.11.3

ハシナガベラ

Wetmorella nigropinnata (Seale, 1901)

- タイプ産地──Guam
- 英名──────Sharpnose Wrasse
- ハシナガベラ属

　幼魚にある体側の白色横帯は、若魚・成魚に成長すると眼後方と尾柄部の横帯が黄色に変化し、その他の白色横帯は消失する。老成すると体色がやや褪せ、黄色横帯も細くなる。背鰭後部と臀鰭の眼状斑は、成魚になっても残る。成長にともない、腹鰭と尾鰭にも黒色斑が出現する。泳ぎはゆっくりしているが、ひじょうに臆病で、光や音に敏感。水中が薄暗くなる夕方には、生活する穴から出てきてその周辺を活発に行動する。繁殖行動も夕方にみられる。岩礁、ガレ場、サンゴの隙間や岩陰など薄暗い環境に生息する。インド・太平洋に分布する。国内では、南日本太平洋岸、伊豆諸島、小笠原諸島、琉球列島に生息する。

●ハシナガベラ／幼魚（1cm）──屋久島 9m 2011.8.15

●ハシナガベラ／若魚（4cm）──石垣島 14m 2011.11.3

●ハシナガベラ／成魚（5cm）──竹富島 20m 2010.11.13

●ハシナガベラ／老成魚（8cm）──屋久島 12m 2009.3.19

●ハシナガベラ／求愛行動──石垣島 14m 2011.11.3 2:13 pm

【ハシナガベラ属】●ハシナガベラ

Wetmorella 235

●ハシナガベラ属の1種／成魚（5cm）──石垣島 14m 2012.4.7

●ハシナガベラ属の1種／成魚（5cm）────石垣島 14m 2012.4.7

ハシナガベラ属の1種
Wetmorella albofasciata Schultz and Marshall, 1954

- タイプ産地 ──── Sabah, Malaysia
- 英名 ──── Whitebanded Sharpose Wrasse
- ハシナガベラ属

　本種は同属のハシナガベラに似るが、眼から放射状に走る白色線があること、および体側と尾柄部に走る3白色横線があることによって容易に識別される。さらに、本種はハシナガベラよりも体色が暗く、体高が低いことも特徴。また、ギチベラの幼魚にも似るが、背鰭と臀鰭の眼状斑で区別される。ひじょうに憶病で、音や光にも敏感なため発見するのが難しい。潮通しの良い岩礁の小さな亀裂内に単独で生息していた。インド・太平洋に広く分布するが、記録は少ない。日本では過去に久米島から発見例があるのみの稀種。

●メガネモチノウオ／雄／老成魚（1m）──パラオ 20m 2009.4.8

メガネモチノウオ

Cheilinus undulatus Rüppell, 1835

- タイプ産地──Red Sea
- 英名────Giant Humphead Wrasse
- モチノウオ属

　体色がエメラルドグリーン色に光り、頭部や各鰭基部が黄色味を呈するのがおそらく婚姻色。成熟した雄は、背鰭と臀鰭が長く伸びる。眼の後方に暗色の縦帯があり、メガネをかけているように見えることが和名メガネモチノウオの由来。老成した個体は、頭部がコブ状に突き出し、その形がフランス軍の帽子を連想させることからナポレオンフィッシュと呼ばれる。ベラ科の中では最大。屋久島では比較的に容易に目撃することができる。沖縄ではヒロサーとも呼ばれ、高級魚。幼魚は内湾の穏やかな海で、サンゴなどに身を隠し生息するが、成長にともない外洋に面した、潮通しの良い岩礁、サンゴ礁域に生息場所を移す。インド・太平洋に広く分布するが、ハワイでは稀。国内では南日本太平洋岸、琉球列島に生息する。

●メガネモチノウオ／老成魚（1m）
雌の前でアピールする雄──パラオ 20m 2009.4.8

●メガネモチノウオ／雌／成魚（80cm）──── パラオ 20m 2009.4.8

●メガネモチノウオ／雌（80cm）──── パラオ 20m 2007.1.25

【モチノウオ属】● メガネモチノウオ

Cheilinus

●ヤシャベラ／雄／成魚（28cm）────沖縄本島中部 16m 2011.7.10

ヤシャベラ

Cheilinus fasciatus (Bloch, 1791)

- タイプ産地────Japan (probably in error)
- 英名────────Redbreasted Wrasse
- モチノウオ属

　幼魚は口のまわりが黄色味を帯びるが、若魚になると橙色に変化する。さらに成長すると橙色域が徐々に後退し、眼後方から体側前方付近で定着する。体側と尾鰭に太い黒色横帯が並ぶ。成熟した雄は、尾鰭の上・下端が伸長する。幼魚から若魚は、浅い水深の内湾などの穏やかな環境で、サンゴやガレ場などの隙間など薄暗い環境に身を隠し生息するが、成長にともない、潮通しの良い岩礁、サンゴ礁域などに移動する。成魚はゆったり泳ぎ、ガレ場やサンゴに生息する甲殻類などの底小動物を食べる。インド・西太平洋に分布し、国内では、南日本太平洋岸、小笠原諸島、琉球列島でみられる。

●ヤシャベラ／若魚（5cm）──石垣島 4m 2010.11.13

●ヤシャベラ／若魚（10cm）──沖縄本島中部 8m 2011.9.14

●ヤシャベラ／雌／成魚（18cm）──石垣島 13m 2012.4.7

●ヤシャベラ／雌／成魚（22cm）──西表島 20m 2009.6.16

【モチノウオ属】●ヤシャベラ

Cheilinus

●ミツバモチノウオ／雄／老成魚（45cm）──屋久島 10m 2009.9.7

ミツバモチノウオ
Cheilinus trilobatus **Lacepède, 1801**

- タイプ産地──Réunion, Mauritius and Madagascar
- 英名────Tripletail Wrasse
- モチノウオ属

　頭部には不規則な線と点が混在し、体側には和牛の霜降りのような短い横線がある。尾柄部には太い黒色横帯があり、その前後を太い白色横帯が走る。本種の若魚はミツボシモチノウオの若魚によく似るが、後者には体側後部に3黒色点があることで区別される。成熟した雄は胸鰭が黄色に染まり、背鰭、臀鰭、尾鰭の縁が赤く、和名のように尾鰭の上、中、下部の軟条が伸長する。縄張り意識が強く、警戒心も強い。自分の体が収まるサンゴの根元、岩礁のえぐれた場所を好んで寝床にする。幼魚から若魚にかけては内湾の浅瀬にも生息する。インド・西太平洋に分布。国内では、南日本太平洋岸、小笠原諸島、琉球列島に生息する。

●ミツバモチノウオ／雌／成魚（25cm）──屋久島 5m 2011.12.12

●ミツバモチノウオ／若魚（10cm）── 屋久島 5m 2011.12.10

●ミツバモチノウオ／雌（18cm）── 阿嘉島 16m 2011.9.10

●ミツバモチノウオ／雌（15cm）── 沖縄本島中部 5m 2012.4.10

●ミツバモチノウオ／雄／成魚（28cm）── 阿嘉島 18m 2011.9.9

●ミツバモチノウオ／雌／成魚（23cm）── 阿嘉島 13m 2011.11.7

【モチノウオ属】●ミツバモチノウオ

Cheilinus 243

●アカテンモチノウオ／雄／成魚（28cm）──沖縄本島中部 5m 2011.9.14

アカテンモチノウオ
Cheilinus chlorourus (Bloch, 1791)

- タイプ産地──Japan
- 英名────Floral Wrasse
- モチノウオ属

　若魚から成魚にかけて、胸鰭を除く各鰭と体側に白色点が散在する。また背鰭基底部には白色斑紋が等間隔に並び、尾鰭基底には白色横帯がある。成熟した雄は、尾鰭の上・下方の軟条が伸長する。雌成魚は上方のみが伸長する。若魚は擬態上手。動きは鈍いが、警戒心は強い。砂地、岩礁、ガレ場、サンゴ礁域に生息する。インド・太平洋に広く分布する。国内では、南日本太平洋岸、伊豆諸島、小笠原諸島、琉球列島に生息する。

●アカテンモチノウオ／雄／成魚（25cm）──沖縄本島中部 18m 2010.9.9

●アカテンモチノウオ／雄／成魚（28cm）──西表島 8m 2011.6.28

244　*Cheilinus*

●アカテンモチノウオ／若魚（6cm）──石垣島 10m 2010.11 　　●アカテンモチノウオ／若魚（10cm）──石垣島 15m 2012.4.6

●アカテンモチノウオ／雌／成魚（20cm）──沖縄本島中部 18m 2011.7.9 　　●睡眠中／岩礁のくぼみに体をくい込ませて体を固定し、岩に擬態（20cm）──屋久島 5m 2011.12.11 4:51 pm

●アカテンモチノウオ／雌／成魚（18cm）──屋久島 11m 2011.12.11

【モチノウオ属】●アカテンモチノウオ

Cheilinus 245

●ミツボシモチノウオ／成魚（10cm）──── 屋久島 12m 2011.12.10

ミツボシモチノウオ
Cheilinus oxycephalus Bleeker, 1853

- タイプ産地────Ambon, Indonesia
- 英名─────Snooty Wrasse
- モチノウオ属

　若魚から成魚にかけて体色は赤褐色を呈し、体側後部から尾鰭基部にかけて3つの黒色点が並ぶ。成熟すると、この黒色斑は消失する。背鰭軟条部が半透明なのも本種の特徴。上下唇の色彩や小さい黒眼から悪そうな顔つきにみえるが、実は臆病なベラ。モチノウオ属の中では小型種。サンゴの隙間に生息する小動物を物色するところがよく観察される。本種は各個体が3〜4mの範囲内で一定の距離をあけて行動している。威嚇時やビックリすると頭部中心に白色点が出現する。潮通しの良い、サンゴ礁域に生息する。インド・太平洋に広く分布し、国内では、南日本太平洋岸、小笠原諸島、琉球列島から確認されている。

●ミツボシモチノウオ／成魚（8cm）
────沖縄本島中部 16m 2010.9.11

●ミツボシモチノウオ／若魚（6cm）── 阿嘉島 8m 2011.9.12

●ミツボシモチノウオ／老成魚（16cm）── 阿嘉島 8m 2011.9.10

【モチノウオ属】● ミツボシモチノウオ

Cheilinus 247

●ニセモチノウオ／成魚（5cm）——屋久島 3m 2009.11.26

ニセモチノウオ

Pseudocheilinus hexataenia (Bleeker, 1857)

- ●タイプ産地——Ambon, Indonesia
- ●英名————Six-line Wrasse
- ●ニセモチノウオ属

　体側に6本の橙色縦帯が走り、尾鰭基底上部に1眼状斑を有する。成熟した個体の眼下周辺には白色点が無数に出現する。ニセモチノウオ属の特徴でもある臀鰭第1, 2棘が伸長する。幼魚から若魚の臀鰭は半透明。若い個体はサンゴの隙間を素早く泳ぎ、警戒心が強い。サンゴ礁域に生息する。インド・太平洋に広く分布し、国内では南日本太平洋岸、伊豆諸島、小笠原諸島、琉球列島に生息する。

●ニセモチノウオ／若魚（2cm）──阿嘉島 2m 2011.9.9

●ニセモチノウオ／若魚（3cm）──屋久島 5m 2009.9.6

●ニセモチノウオを撮影する風景──沖縄本島中部 5m 2012.4.10

【ニセモチノウオ属】●ニセモチノウオ

●ヨスジニセモチノウオ／成魚（3cm）──小笠原・母島 15m 2010.7.11

ヨスジニセモチノウオ

Pseudocheilinus tetrataenia Schultz, 1960

- ●タイプ産地──Marshall Islands
- ●英名────Fourstripe Wrasse
- ●ニセモチノウオ属

　本種はニセモチノウオに似るが、和名のとおり体側に4本の青色縦帯が走ることで区別される。各鰭の基部が青紫色に染まり美しい。習性や生息環境はニセモチノウオと同じ。太平洋に分布する。国内では、小笠原諸島と琉球列島に生息しており、小笠原諸島では容易に観察できるが稀種。

●ヨスジニセモチノウオ／成魚（4cm）──小笠原・母島 10m 2010.7.11

● ヨコシマニセモチノウオ／若魚（3.5cm）────久米島 37m 2009.12.10

ヨコシマニセモチノウオ

Pseudocheilinus ocellatus Randall, 1999

- タイプ産地────Marshall Islands
- 英名────────Magenta Wrasse
- ニセモチノウオ属

　尾鰭基部に大きな1眼状斑を有するのが特徴。幼魚から若魚にかけて体側に5本の白色横線が入り、成長にともない横線は消失する。ニセモチノウオ属の中で最も警戒心が強い。外洋に面した潮通しの良い、やや深場の岩礁、サンゴ礁域に生息する。稀種。太平洋に分布し、国内では、南日本太平洋岸、伊豆諸島、小笠原諸島、琉球列島に生息する。

● ヨコシマニセモチノウオ／若魚（4.5cm）────久米島 40m 2009.12.10

●ヤスジニセモチノウオ／成魚（10cm）──嘉比島 8m 2011.11.6

ヤスジニセモチノウオ

Pseudocheilinus octotaenia Jenkins, 1901

- ●タイプ産地──Hawaiian Islands
- ●英名────Eightstripe Wrasse
- ●ニセモチノウオ属

　本種は体側に赤紫色縦帯が走り、その縦帯間にサイズの異なる橙色斑紋が散在する。若魚は吻から両眼の間まで正中線上に明瞭な白色線が走るが、成長にともない線は薄れていく。ニセモチノウオ属の特徴でもある臀鰭第1，2棘が伸長する。同属の中でもっとも大きい。潮通しの良い、岩礁、ゴロタ、ガレ場、サンゴ礁域に単独で生息する。インド・太平洋に分布し、国内では、南日本太平洋岸、伊豆諸島、小笠原諸島、琉球列島に生息する。

●ヤスジニセモチノウオ／幼魚（2.5cm）──久米島 4m 2010.5.23

●ヤスジニセモチノウオ／若魚（4cm）──石垣島 10m 2011.11.3

●ヤスジニセモチノウオ／成魚（6cm）──久米島 5m 2009.12.10

●ヤスジニセモチノウオ／成魚（6cm）──柏島 8m 2009.8.23

●ヤスジニセモチノウオ／成魚（6cm）──西表島 12m 2011.6.28

【ニセモチノウオ属】 ヤスジニセモチノウオ

●ヒメニセモチノウオ／成魚（6cm）──西表島 16m 2011.6.28

ヒメニセモチノウオ

Pseudocheilinus evanidus
Jordan and Evermann, 1903

- ●タイプ産地────Hawaiian Islands
- ●英名──────Disappearing Wrasse
- ●ニセモチノウオ属

　本種の体色は赤色で、体側に多くの細い白色縦線が走り、頬に1本の明瞭な白色縦線が入る。老成した個体の体色は桃色を呈し、腹鰭、臀鰭、尾鰭の軟条が薄紫色に美しく染まる。前鰓蓋骨と鰓蓋骨の縁が紫色を呈する。ニセモチノウオ属の特徴でもある、臀鰭第1, 2棘が長く伸びる。潮通しの良い、岩礁、サンゴ礁域に生息し、単独で行動する。インド・太平洋に分布し、南日本太平洋岸、伊豆諸島、小笠原諸島、琉球列島に生息する。

●ヒメニセモチノウオ／幼魚（1.5cm）——屋久島 5m 2011.12.10

●ヒメニセモチノウオ／幼魚（3cm）——阿嘉島 8m 2011.9.11

●ヒメニセモチノウオ／若魚（4cm）——柏島 14m 2010.8.30

●ヒメニセモチノウオ／成魚（5cm）——石垣島 8m 2011.11.2

●ヒメニセモチノウオ／老成魚（7cm）——屋久島 6m 2011.8.13

【ニセモチノウオ属】ヒメニセモチノウオ

●ホホスジモチノウオ／老成魚（33cm）――――阿嘉島 8m 2011.11.6

ホホスジモチノウオ
Oxycheilinus diagrammus (Lacepède, 1801)

- ●タイプ産地――Mauritius
- ●英名――――Cheeklined Wrasse
- ●ホホスジモチノウオ属

　本種は頬から鰓蓋骨下縁にかけて細い線が等間隔に並び、尾鰭の中央が薄黄色を帯びるのが特徴。頬の線は幼魚時にもみられる。中層をゆったり泳ぎ、大きく口を開けてあくびをする姿がよく観察される。岩礁、ガレ場、サンゴ礁域に単独で生息する。幼魚は潮の影響が少ない内湾にも多い。インド・西太平洋に分布し、国内では南日本太平洋岸、琉球列島に生息する。

●ホホスジモチノウオの顔模様

●ホホスジモチノウオ／幼魚（2cm）——沖縄本島中部 10m 2012.1.28

●ホホスジモチノウオ／幼魚（3cm）——石垣島 8m 2011.11.2

●ホホスジモチノウオ／若魚（5cm）——沖縄本島中部 12m 2010.7.25

●ホホスジモチノウオ／若魚（10cm）——石垣島 12m 2011.11.2

●ホホスジモチノウオ／成魚（16cm）——石垣島 20m 2010.11.15

●ホホスジモチノウオ／成魚（28cm）——屋久島 18m 2010.6.7

●ホホスジモチノウオ／成魚（30cm）——沖縄本島中部 13m 2011.7.9

【ホホスジモチノウオ属】●ホホスジモチノウオ

Oxycheilinus

●ヒトスジモチノウオ／成魚（25cm）──屋久島 15m 2011.8.16

ヒトスジモチノウオ

Oxycheilinus unifasciatus (Streets, 1877)

- ●タイプ産地──Line Islands
- ●英名────Ringtail Wrasse
- ●ホホスジモチノウオ属

●ヒトスジモチノウオの顔模様

　本種は尾柄部前部に白色横帯がとおるのが特徴だが、成長段階や生息環境によって変異がある場合もある。幼魚は体側後方から尾鰭基部にかけて2つの緑色斑が前後に並ぶが、成長にともなって消失する。岩礁、ガレ場、サンゴ礁、内湾などに生息する。太平洋に分布し、国内では南日本太平洋岸、伊豆諸島、小笠原諸島、琉球列島に生息する。

●ヒトスジモチノウオ／老成魚（30cm）
──石垣島 15m 2012.4.6

●ヒトスジモチノウオ／幼魚（2cm）────沖縄本島中部 13m 2010.7.25

●ヒトスジモチノウオ／幼魚（3cm）────沖縄本島中部 8m 2010.7.25

●ヒトスジモチノウオ／若魚（5cm）────沖縄本島中部 6m 2010.9.11

●ヒトスジモチノウオ／若魚（7cm）────屋久島 12m 2010.6.6

●ヒトスジモチノウオ／成魚（18cm）────沖縄本島中部 10m 2012.1.30

【ホホスジモチノウオ属】● ヒトスジモチノウオ

Oxycheilinus

●ハナナガモチノウオ／成魚（15cm）——石垣島 18m 2011.11.3

ハナナガモチノウオ
Oxycheilinus celebicus (Bleeker, 1853)

- ●タイプ産地——Sulawesi, Indonesia
- ●英名————Sulawesi Wrasse
- ●ホホスジモチノウオ属

　本種は吻から眼までの距離が長いこと、眼から放射状に細い橙色線が走ることが特徴。幼魚は同属と似るが尾鰭基部の緑色斑が1つであることで区別できる。ガレ場、シルト底、サンゴ礁域に生息する。幼魚から若魚にかけては内湾などの穏やかな環境でも多くみられる。西太平洋に分布し、国内では南日本太平洋岸、小笠原諸島、琉球列島に生息する。

●ハナナガモチノウオ／幼魚（2cm）——石垣島 18m 2010.11.13

●ハナナガモチノウオ／幼魚（3cm）——石垣島 18m 2011.11.3

●ハナナガモチノウオ／若魚（4cm）——石垣島 15m 2012.4.7

●ハナナガモチノウオ／成魚（10cm）——石垣島 13m 2012.4.7

●ハナナガモチノウオ／老成魚（20cm）——石垣島 13m 2012.4.6

【ホホスジモチノウオ属】●ハナナガモチノウオ

Oxycheilinus 261

●ホホスジモチノウオ属の1種-1／成魚（7cm）──沖縄本島中部 40m 2012.4.9

ホホスジモチノウオ属の1種-1
Oxycheilinus arenatus (Valenciennes, 1840)

- ●タイプ産地──Réunion
- ●英名────Blackstripe Wrasse
- ●ホホスジモチノウオ属

　本種は眼から尾鰭基部までの体側中央に1本の明瞭な暗色縦帯が走ることが特徴である。また、この属には珍しく尾鰭中央部の鰭膜が透明であることも特徴の一つ。本写真個体は、外洋に面した潮通しの良い岩礁と砂地が混在する環境で、大人1人分ほどの岩礁根にある小さな穴に生息していた。近くにはホホシジモチノウオ属1種-2が多くみられた。本種は住みかにしている巣穴からあまり離れず、行動範囲も狭いようだ。警戒すると体色を変化させ、素早く巣穴上部に隠れた。2012年4月現在、本写真が本種の日本からの唯一の記録である。今後更なる調査が必要だ。

●ホホスジモチノウオ属の1種-1／成魚（7cm）──沖縄本島中部 40m 2012.4.9

●ホホスジモチノウオ属の1種-1／成魚（7cm）──沖縄本島中部 40m 2012.4.9

●ホホスジモチノウオ属の1種−2（18cm）——石垣島15m 2010.11.15

ホホスジモチノウオ属の1種−2
Oxycheilinus orientalis (Günther, 1862)

- ●タイプ産地——Batjan, Indonesia
- ●英名————Slender Maori Wrasse
- ●ホホスジモチノウオ属

　幼魚から若魚は、眼後方に4つの黒色点、体側後方と尾柄に2つの黒色点がある。威嚇、擬態時に大きく色彩が変化する。和名がないことから、ダイバーからはオリエンタルマオリーラスやスレンダーラスと呼ばれる。ガレ場、岩礁、サンゴ礁域などに生息する。沖縄本島中部では水深55mと深いところにも生息していた。国内では南日本太平洋岸と琉球列島に分布する。

●ホホスジモチノウオ属の1種−2 幼魚（2cm）——阿嘉島 10m 2011.9.10

●ホホスジモチノウオ属の1種−2 幼魚（3cm）——屋久島 10m 2011.12.12

●ホホスジモチノウオ属の1種−2 若魚（4cm）——阿嘉島 8m 2011.9.10

●体を赤く染めた縄張り争い——沖縄本島中部 55m 2008.11.6

Oxycheilinus 263

●ホホスジモチノウオ属の1種-3／成魚（18cm）──石垣島 22m 2011.11.3

ホホスジモチノウオ属の1種-3
Oxycheilinus sp.3

- 英名──────Blacktip Maori Wrasse
- ホホスジモチノウオ属

　体全体が薄桃色を帯び、無数の青色点が体側上部に散在する。幼魚から若魚では尾鰭の後部は赤色の横帯があり、それを縁どるように白色横線が走る。サンゴの間隙に身を隠す。縄張り争いには積極的。ダイバーからは、ブラックチップと呼ばれる。潮の流れの影響が少ない、内湾の20m以深のシルト底に好んで生息する。現在のところ石垣島、奄美大島のみから確認されている稀種。

●ホホスジモチノウオ属の1種-3／若魚（4cm）──石垣島 22m 2012.4.7

●ホホスジモチノウオ属の1種-3／成魚（12cm）──石垣島 23m 2012.4.7

●ホホスジモチノウオ属の1種-4／成魚（18cm）────西表島 20m 2009.6.12

ホホスジモチノウオ属の1種-4
Oxycheilinus sp.4

● 英名───── Thick-stripe Maori Wrasse
● ホホスジモチノウオ属

　本種は同属他種と酷似するが、上下顎から尾鰭基部までの体側を2本の白色縦帯が走ること、尾鰭基部中央部の色彩が尾鰭鰭膜に向かって後方に突出すること、腹鰭と臀鰭に赤色帯があることから区別される。これまで日本からの観察例はないが、今回、西表島と沖縄本島中部で確認された。潮通しの良いサンゴが群生する環境に生息する。警戒心は強く、驚くとサンゴの隙間に隠れこむ。稀種。2012年4月現在、本写真が本種の日本からの唯一の記録である。今後更なる調査が必要だ。

●ホホスジモチノウオ属の1種-4／成魚（18cm）────西表島 20m 2009.6.12

●ホホスジモチノウオ属の1種-4／若魚（10cm）────沖縄本島中部 5m 2011.9.14

Oxycheilinus 265

●タコベラ／雄／成魚（12cm）──── 屋久島 5m 2011.8.14　屋久島

タコベラ

Oxycheilinus bimaculatus
(Valenciennes, 1840)

- タイプ産地──── Hawaiian Islands
- 英名──────── Twospot Wrasse
- ホホスジモチノウオ属

●タコベラ／雄／成魚（10cm）──── 屋久島 17m 2009.9.6

●タコベラ／雄／老成魚（15cm）──── 沖縄本島中部 13m 2010.7.25

　雄は尾鰭上部の軟条が伸び、中央部が二叉するが、個体によっては下部の軟条も伸びる。雌成魚は尾鰭上部のみが伸長する。成熟の程度が高く、強い雄ほど尾鰭軟条が長く伸びる。ガレ場、砂地、岩礁、サンゴ礁域など、浅い水深から深場まで幅広い環境に生息する。幼魚は内湾などの穏やかな環境で、サンゴなどの間に身を隠す。インド・太平洋に広く分布。国内では南日本太平洋岸、伊豆諸島、小笠原諸島、琉球列島に生息する。

● タコベラ／幼魚（1cm）
——西表島 7m 2011.6.28

● タコベラ／幼魚（1cm）
——柏島 8m 2011.10.3

● タコベラ／幼魚（2cm）
——柏島 5m 2010.8.29

● タコベラ／若魚（3cm）
——柏島 13m 2010.8.29

● タコベラ／若魚（4cm）——柏島 12m 2008.9.6

● タコベラ／若魚（5cm）——屋久島 8m 2011.12.10

● タコベラ／雌の群れ——石垣島 17m 2011.11.2 10:17 am

● タコベラ／繁殖行動——柏島 8m 2011.12.19 2:11 pm

● タコベラ／若魚（6cm）／ウミヘビが巻き上げる砂煙に寄ってきた——屋久島 20m 2011.12.11

● タコベラ／雌／成魚（8cm）——石垣島 14m 2010.11.15

【ホホスジモチノウオ属】● タコベラ

Oxycheilinus 267

●ギチベラ／雄／成魚（25cm）──西表島 8m 2009.6.11

ギチベラ

Epibulus insidiator (Pallas, 1770)

- ●タイプ産地────Java, Indonesia
- ●英名──────Slingjaw Wrasse
- ●ギチベラ属

　幼魚の体色は暗色で、眼から白色線が放射状に広がり、体側には4白色横帯が入る。雄成魚は尾鰭の上葉と下葉が糸状に伸長する。老成魚になると、頭頂部がコブ状に突出する。本種は口が大きく、普段はたたまれているが、捕食する時には前方に大きく伸ばす。捕食時、胸鰭をあらゆる方向に動かし体を安定させる。泳ぎはゆったりしているが、サンゴや転石などの隙間などにゆっくり近づきその隙間に隠れる甲殻類や小動物を、泳ぎとは似合わない俊敏な動きで捕食する。繁殖行動時、雄は胸鰭で雌の体を押さえる場面が観察された。岩礁、ガレ場、サンゴ礁域に生息する。幼魚は内湾などの穏やかな場所でサンゴや岩陰の隙間などで観察される。インド・太平洋に広く分布し、国内では南日本太平洋岸と琉球列島に生息する。

●ギチベラ／雄／老成魚（35cm）──西表島 13m 2009.6.16

●ギチベラ／幼魚（3cm）——石垣島 2m 2010.11.15

●ギチベラ／幼魚（4cm）——石垣島 2m 2010.11.15

●ギチベラ／幼魚（6cm）——石垣島 3m 2011.6.26

●ギチベラ／若魚（10cm）——西表島 10m 2009.6.16

●ギチベラ／雌（15cm）／あくび中——久米島 8m 2010.5.23

●ギチベラ／雌／成魚（20cm）——沖縄本島中部 17m 2011.7.9

【ギチベラ属】●ギチベラ

Epibulus 269

●オオヒレテンスモドキ／雄／成魚（18cm）──屋久島 2m 2010.6.7

オオヒレテンスモドキ
Novaculoides macrolepidotus (Bloch, 1791)

- タイプ産地──Indian Ocean
- 英名────Seagrass Wrasse
- ノバクロイデス属

●オオヒレテンスモドキ／雄／成魚（15cm）／海藻に隠れる
──屋久島 2m 2010.6.7

　頭頂部から尾柄にかけての長い背鰭基底と、まるで歌舞伎役者のような派手なメイク顔が印象的。背鰭前部に1黒色斑がある。体側、背鰭には不規則な白色斑が点在する。本種は長い間テンスモドキ属（*Novaculichthys*）に分類されていたが、2004年に新属 *Novaculoides* に移された。海藻や落葉などに溶け込むほど擬態が上手。浅い水深の砂場と岩礁の境目付近の藻場などでみられる。インド・西太平洋に分布する。国内では、南日本太平洋岸、伊豆諸島、琉球列島に生息する。

●オオヒレテンスモドキ／雄／成魚（18cm）──屋久島 2m 2010.6.7

●オオヒレテンスモドキ／幼魚（2cm）──屋久島 2m 2010.6.7 　　●オオヒレテンスモドキ／幼魚（3cm）──屋久島 2m 2010.6.7

●オオヒレテンスモドキ／若魚（5cm）──屋久島 2m 2010.6.7 　　●オオヒレテンスモドキ／落葉に隠れる雌個体（10cm）──屋久島 2m 2010.6.7

●オオヒレテンスモドキ／雌／成魚（10cm）──屋久島 2m 2010.6.7

【ノバクロイデス属】● オオヒレテンスモドキ

Novaculoides

●タテヤマベラ／雄／成魚（10cm）──阿嘉島 12m 2011.11.7

タテヤマベラ
Cymolutes torquatus (Valenciennes, 1840)

- タイプ産地──East Indies
- 英名────Collared Knifefish
- タテヤマベラ属

　雄は背鰭前部基底から胸鰭基部後方まで斜めに引っかき傷のような赤褐色帯が走り、体側上部に眼後方から尾鰭基部上部まで走る赤褐色の断線縦帯がある。雌は体側に明瞭な模様がないが、威嚇時や驚いた時には体側後半部に複数の不規則な暗色横帯が浮かび上がる。幼魚は海藻やサンゴの隙間などに身を隠し生活する。潮通しの良い、きれいな砂地が広がる環境に生息する。雌は砂地にクレーター状の巣穴を作り、そのいくつかの巣穴を雄が巡回する姿がよく観察される。インド・西太平洋に分布する。国内では、南日本太平洋岸と琉球列島に生息する。

●タテヤマベラ／繁殖行動──石垣島 17m 2010.11.14 2:46pm

●タテヤマベラ／幼魚（5mm）——石垣島 15m 2011.6.26

●タテヤマベラ／幼魚（1cm）——竹富島 10m 2010.11.14

●タテヤマベラ／幼魚（1.5cm）——竹富島 8m 2010.11.14

●タテヤマベラ／幼魚（2cm）——石垣島 8m 2010.11.14

【タテヤマベラ属】● タテヤマベラ

●タテヤマベラ／雌／成魚（7cm）——竹富島 10m 2010.11.4

Cymolutes　273

●テンス／若魚（8cm）────神奈川県・早川 12m 2011.10.19

テンス
Iniistius dea
(Temminck and Schlegel, 1845)

- タイプ産地────Japan
- 英名────────Blackspot Razorfish
- テンス属

●テンス／砂から出てきた若魚（6cm）────沖縄本島中部 18m 2010.9.10

本種の若魚はホシテンスの若魚に似るが、伸長した背鰭第1棘の先端が尖ることで、『F』のような鍵型になるホシテンスと容易に識別される。幼魚から若魚にかけては比較的浅い水深に生息するが、成魚になると水深30mほどの海底に移動する。驚いたりすると砂の中に潜る場面をよく目にする。潮通しの良い、きれいな砂地に生息する。ホシテンスは普通種だが、本種は数が少ない。国内では南日本太平洋岸、伊豆諸島、琉球列島などに生息する。

●テンス／成魚（21cm）────鹿児島県・南さつま KAUM-I.25467

●ヒノマルテンス／成魚（15cm）──竹富島 12m 2011.11.2

ヒノマルテンス
Iniistius twistii (Bleeker, 1856)

- ●タイプ産地──Moluccas, Indonesia
- ●英名────Redblotch Razorfish
- ●テンス属

　体側にある大きな赤色斑が特徴。各鰭は淡い青色を呈する。潮通しの良い、きれいな砂地が一面に広がる環境にハレムを形成して生息する。砂地にクレーターのような巣穴を作る。西太平洋に分布し、国内では屋久島と琉球列島に生息する。稀種。

●ヒノマルテンス／若魚（7cm）──竹富島 12m 2011.11.2

275

●ホシテンス／雄／老成魚（40cm）────沖縄本島中部 12m 2010.9.10

ホシテンス
Iniistius pavo (Valenciennes, 1840)

- タイプ産地────Mascarenes
- 英名────Peacock Razorfish
- テンス属

　本種はテンスに似るが、眼から鉛直に伸びる線と眼から斜め後方に伸びる2本の線があること（テンスでは眼から斜め後方に伸びる線がない）、背鰭第1棘の先端が鍵型に曲がること（テンスでは先端が真っすぐ尖る）から区別される。幼魚から若魚にかけて、背鰭に3眼状斑がある。若魚から成魚は体側上部に1黒色斑がある。老成魚は各鰭を含め全身に青色の水玉模様が広がる。潮通しの良い砂地に生息する。インド・太平洋に広く分布し、東太平洋からの記録もある。国内では南日本太平洋岸、伊豆諸島、小笠原諸島、琉球列島に生息する。

●ホシテンス／雄／成魚（28cm）────屋久島 22m 2011.8.15

●ホシテンス／老成魚（35cm）────沖縄本島中部 18m 2011.7.9

●ホシテンス／幼魚（4cm）──石垣島 10m 2010.11.14

●ホシテンス／幼魚（6cm）──屋久島 22m 2011.8.15

●ホシテンス／若魚（7cm）──屋久島 22m 2009.9.6

●ホシテンス／若魚（9cm）──屋久島 22m 2009.9.6

●ホシテンス／幼魚（1cm）／黒色タイプ──柏島 8m 2011.12.19

●ホシテンス／幼魚（4cm）／黒色タイプ──屋久島 22m 2011.8.15

●ホシテンス／成魚（12cm）／黒色タイプ──屋久島 18m 2011.8.13

●ホシテンス／成魚（20cm）／黒色タイプ──屋久島 23m 2011.12.11

【テンス属】● ホシテンス

●テンス属の1種／雄／成魚（22cm）──阿嘉島 14m 2011.9.11

テンス属の1種
Iniistius celebicus (Bleeker, 1856)

- ●タイプ産地──Sulawesi, Indonesia
- ●英名────Bronzespot Razorfish
- ●テンス属

　雌は体側前方に大きな橙色斑と、体側後方に短い黒色縦帯を有する。幼魚では、体側後方の黒色縦帯が黄色。単独で行動する時は、カンムリベラやツユベラなど、サンゴの死骸などをひっくり返して物色しているところに便乗して索餌する行動がよく観察される。潮通しの良い、きれいな砂地が一面に広がる環境にハレムを形成して生息する。太平洋に分布し、国内では南日本太平洋岸、伊豆諸島、小笠原諸島、琉球列島に生息する。

●テンス属の1種／雄／成魚（22cm）──阿嘉島 14m 2011.9.11

●テンス属の1種／雌／成魚（15cm）──阿嘉島 14m 2011.9.11

●テンス属の1種／繁殖行動──阿嘉島 14m 2011.9.11 9:59am

●テンス属の1種／繁殖行動──阿嘉島 14m 2011.9.11 9:43am

●テンス属の1種／幼魚（4cm）──沖縄本島中部 21m 2012.1.30

【テンス属】●テンス属の1種

●ハゲヒラベラ／雄／成魚（25cm）──屋久島 22m 2010.6.5

ハゲヒラベラ

Iniistius aneitensis (Günther, 1862)

- ●タイプ産地──Vanuatu
- ●英名────Whitepatch Razorfish
- ●テンス属

　幼魚は背鰭に2眼状斑があり、体全体が茶色を帯びるが、成長にともない眼状斑は消失し、体色は白っぽくなる。成魚になると体側中央に大きな1白色斑が出現し、その前方に重なるような1黄色斑を有する。雄成魚は背鰭基部より体側上部にかけて、不規則な茶色横帯を有する。雌は砂地にクレーター状の巣穴を作り、雄がその巣穴を巡回する。インド・太平洋に分布し、国内では南日本太平洋岸と琉球列島に生息する。

●ハゲヒラベラ／砂を巻き上げるエイに追従し、索餌する
──屋久島 22m 2011.8.13

●ハゲヒラベラ／幼魚（3cm）──屋久島 22m 2011.12.11

●ハゲヒラベラ／若魚（6cm）──阿嘉島 12m 2011.11.7

●ハゲヒラベラ／雌（12cm）──石垣島 13m 2010.11.14

●ハゲヒラベラ／繁殖行動──屋久島 22m 2009.9.6 11:55 am

【テンス属】● ハゲヒラベラ

●ハゲヒラベラ／雌／成魚（18cm）──屋久島 23m 2009.9.6

281

●モンヒラベラ／雄／成魚（17cm）──久米島 12m 2010.5.24

モンヒラベラ
Iniistius melanopus (Bleeker, 1857)

- タイプ産地──Indonesia
- 英名────Yellowpatch Razorfish
- テンス属

　本種は同属のハゲヒラベラに似るが、ハゲヒラベラより顔がスリムであることや臀鰭後方に黒色斑があることで見分けられる。体側にある大きな白色斑はやや薄く、白色斑の前上方に重なるように黄色斑がある。眼から垂れる青色横帯が印象的。潮通しの良い、きれいな砂地が広がる環境で生活する。雌は砂地にクレーターのような浅い穴を掘り、その穴にいることが多い。巣穴は2mほどの間隔であり、雄が4〜5個の巣穴を巡回する。国内では南日本太平洋岸と琉球列島に分布する。

●モンヒラベラ／正面顔（17cm）──久米島 12m 2010.5.24

●モンヒラベラ／雌／成魚（12cm）——久米島 12m 2010.5.24

●モンヒラベラ／繁殖行動——久米島 12m 2010.5.24 12:43 pm

●ヒラベラ／雄／成魚（28cm）──屋久島 23m 2010.6.5

ヒラベラ
Iniistius pentadactylus
(Linnaeus, 1758)

- タイプ産地──Probably Indonesia
- 英名────Fivefinger Razorfish
- テンス属

　雄成魚は眼後方に1眼状斑、さらにその後方に鱗模様のような3赤色斑が並ぶ。雌はこれらの斑紋は小さく、一列の点である。同属の中では特に警戒心が強く、泳ぎも速い。潮通しの良い、きれいな砂地が一面に広がる環境にハレムを形成して生息する。インド・西太平洋に分布する。国内では南日本太平洋岸、伊豆諸島、小笠原諸島、琉球列島に生息する。

●ヒラベラ／雌／成魚（15cm）──阿嘉島 12m 2011.11.7

●ヒラベラ／幼魚（3cm）──屋久島 22m 2009.9.6

●バラヒラベラ／雄／成魚（12cm）────神奈川県・早川 12m 2011.10.19

バラヒラベラ

Iniistius verrens (Jordan and Evermann, 1902)

- タイプ産地────Taiwan
- 英名────────Longfin Razorfish
- テンス属

　雄成魚はテンス属に珍しく体色がうっすらとピンク色に染まる。腹鰭が長く伸びるのも特徴。きれいな砂地が一面広がる環境の浅い水深にハレムを形成して生息する。海底から30～50cm上の層を広く泳ぎまわり、警戒心が強くダイバーが近寄ることは難しい。秋頃に繁殖行動が観察される。南日本太平洋岸に生息する。稀種。

●バラヒラベラ／雄／成魚（12cm）────神奈川県・早川 12m 2011.10.19

●オビテンスモドキ／雄／老成魚（30cm）──西表島 15m 2009.6.19

オビテンスモドキ

Novaculichthys taeniourus (Lacepède, 1801)

- タイプ産地──Madagascar
- 英名────Rockmover Wrasse
- テンスモドキ属

　幼魚から若魚は太い白色線が眼から放射状に走るが、雌成魚になると眼から後頭部と鰓蓋下方に向かう2本ずつの黒色線になる。雌は腹部が赤く、体側の白い鱗模様が目立つのも特徴。雄成魚は顔に線がなく、胸鰭基部に1黄色斑と胸鰭基部後方に1黒色斑があることが特徴。幼魚から若魚は背鰭第1，2棘が伸長する。幼魚や若魚に水中で近寄りすぎると砂に潜り込んで隠れてしまう。大型に成長しても、体が柔らかく、サンゴの根元や岩陰に隠れる甲殻類などを、体をくねらせながら食べる。またサンゴの死骸を口で掘り起こし底小動物などを探す。自分の体長ほどの大きなサンゴも口で銜えるほど顎の力が強い。潮通しの良い、穏やかな海のガレ場、ゴロタ、岩礁、サンゴ礁域に生息する。ペルシャ湾を除くインド・太平洋に広く分布し、東太平洋の熱帯域からも報告がある。国内では、南日本太平洋岸、伊豆諸島、小笠原諸島、琉球列島に生息する。

●オビテンスモドキ／繁殖行動──沖縄本島中部 15m 2010.9.10 1:45 pm

●オビテンスモドキ／繁殖行動──西表島 5m 2009.6.16 11:08 am

●オビテンスモドキ／幼魚（1.5cm）
——沖縄本島中部 5m 2011.9.14

●オビテンスモドキ／幼魚（3cm）
——阿嘉島 18m 2011.9.11

●オビテンスモドキ／幼魚（5cm）
——柏島 4m 2011.12.20

●オビテンスモドキ／若魚（10cm）
——柏島 6m 2009.12.11

●オビテンスモドキ／雌（15cm）／カニを捕食
——屋久島 18m 2010.6.5

●オビテンスモドキ／雌／成魚（20cm）
——阿嘉島 10m 2011.9.10

●オビテンスモドキ／雌／成魚（20cm）——石垣島 13m 2010.11.15

【テンスモドキ属】● オビテンスモドキ

Novaculichthys 287

●テンスモドキ／雄／成魚（15cm）／婚姻色──屋久島 23m 2011.8.13

テンスモドキ
Xyrichtys sciistius Jordan and Thompson, 1914

- タイプ産地────Sagami Bay, Japan
- 英名─────── Wood's Razorfish
- ホンテンスモドキ属

　幼魚は背鰭から体側下部にかけて、太い赤褐色横帯があり、その横帯に重なるように体側上部に黒色斑がある。成長するとともに横帯と黒色斑は消失し、成熟した雌は、体側中央部と腹部に不明瞭な白色縦帯があり、前方側線鱗上に白色点が並ぶ。雄成魚は側線鱗上に白色点がる。眼上部にかけて白色を帯びるのが雄の婚姻色。驚いたり、威嚇すると、体側にまだら模様が浮き上がる。潮通しの良い砂地でハレムを形成するが、幼魚から若魚では単独で行動することが多い。生息環境によって色彩変異がある。本種は従来 *Novaculops woodi* (Jenkins, 1901)とされてきたが、*N. woodi*（現在は *Xyrichthys woodi*）はハワイの固有種であり、日本産にはこれまで *X. woodi* の新参同物異名とされてきた *X. sciistius* Jordan and Thompson, 1914が適用される。なお、国内ではこれまでテンス属 *Xyrichthys*、ホンテンスモドキ属 *Novaculops* と扱われていたが、テンス属 *Iniistius*、ホンテンスモドキ属 *Xyrichthys* が正しい。南日本太平洋岸、伊豆諸島、小笠原諸島、琉球列島に分布し、現在のところ国外からの記録はない。

●テンスモドキ／幼魚（2cm）——柏島 28m 2010.4.26　●テンスモドキ／幼魚（3cm）——屋久島 22m 2010.6.5　●テンスモドキ／若魚（4cm）——屋久島 23m 2010.6.5

●テンスモドキ／若魚（4cm）——屋久島 23m 2010.6.5　●テンスモドキ／若魚（5cm）——屋久島 23m 2011.8.15　●テンスモドキ／雌（6cm）——屋久島 22m 2010.6.5

●テンスモドキ／雌（6cm）——伊豆大島 18m 2011.10.17

●テンスモドキ／左の写真と同個体／威嚇色　岩場に逃げ込み追いつめられ色彩が変化した
——伊豆大島 18m 2011.10.17

【ホンテンスモドキ属】●テンスモドキ

●テンスモドキ／雌／成魚（8cm）——屋久島 22m 2010.6.8

Xyrichtys 289

●ホンテンスモドキ属の1種-1／雄／成魚（16cm）／婚姻色——石垣島 12m 2011.11.2

ホンテンスモドキ属の1種-1
Xyrichtys halsteadi Randall and Lobel, 2003

- ●タイプ産地——Papua New Guinea
- ●英名————Redband Razorfish
- ●ホンテンスモドキ属

●ホンテンスモドキ属の1種-1／繁殖行動
——石垣島 12m 2011.11.2 11:54 am

　幼魚から雌成魚まで、色彩の変化はあまりみられないが、成熟すると体側上部を走る赤褐色縦帯は薄くなる。若魚は体側上部の赤褐色縦帯の直下に白色縦帯がある。雄成魚は体側のやや前方に大きな1眼状斑がある。体側上部が青色を呈し、尾鰭の上下縁の前方が赤紫色を帯びるのが雄の婚姻色。雄成魚は雌5匹ほどとハレムを形成し、行動範囲はあまり広くない。繁殖行動は時間によらず、水底から2mほどの中層で産卵する。幼魚から若魚では単独で行動することが多い。外洋に面した、潮通しの良い、きれいな砂地が一面に広がる環境に生息する。西太平洋と南太平洋に分布し、国内では、南日本太平洋岸と琉球列島に生息する。

● ホンテンスモドキ属の1種-1／幼魚（1cm）——竹富島 18m 2010.11.15

● ホンテンスモドキ属の1種-1／幼魚（2cm）——竹富島 18m 2010.11.15

● ホンテンスモドキ属の1種-1／若魚（3cm）——竹富島 18m 2010.11.15

● ホンテンスモドキ属の1種-1／雌／成魚（7cm）——柏島 28m 2011.10.4

● ホンテンスモドキ属の1種-1／雌／成魚（10cm）——石垣島 12m 2011.11.2

【ホンテンスモドキ属】● ホンテンスモドキ属の1種-1

Xyrichtys

●ホンテンスモドキ属の1種−2／若魚（6cm）──石垣島 16m 2010.11.14

ホンテンスモドキ属の1種−2
Xyrichtys sp.2

●ホンテンスモドキ属

　幼魚の体色は全体的に黄色味がかるが、成長にともない淡桃色、淡白色へと変化する。同属のテンスモドキ・ホンテンスモドキ属1種−1より本種の方は数が少ない。砂地が広がるやや深い水深に生息する。ホンテンスモドキ属の分類は、まだ不明な点が多く、今後の調査が必要である。南日本太平洋岸と琉球列島に生息する。

●ホンテンスモドキ属の1種-2／幼魚（2cm）——竹富島 18m 2010.11.14

●ホンテンスモドキ属の1種-2／若魚（4cm）——竹富島 18m 2010.11.14

【ホンテンスモドキ属】● ホンテンスモドキ属の1種-2

Xyrichtys

●アムノラブルス属の1種／成魚（10cm）──阿嘉島 18m 2011.9.10

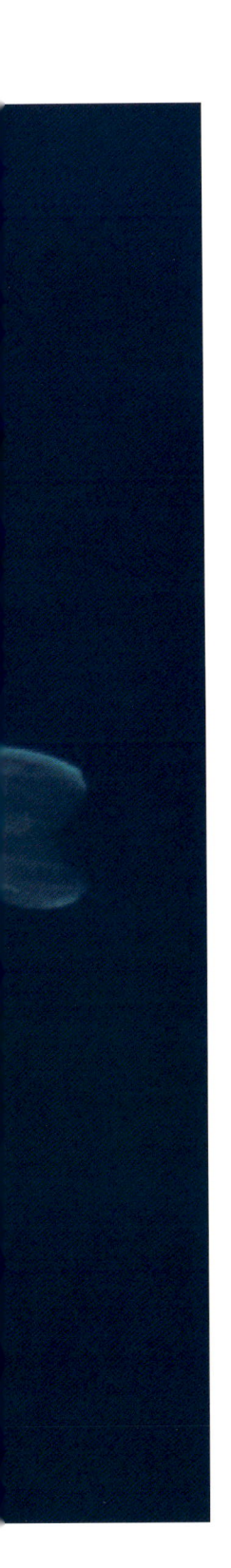

●アムノラブルス属の1種／成魚（10cm）──── 阿嘉島 18m 2011.9.10

アムノラブルス属の1種
Ammolabrus dicrus Randall and Carlson, 1997

- タイプ産地────Hawaiian Islands
- 英名──────Sand Wrasse
- アムノラブルス属

　本種の体色は薄い青色で鱗模様が目立ち、体側中央部に1暗色斑がある。1属1種で、属名の *Ammolabrus* は砂ベラの意。潮が流れるパウダー状（小粒のサンゴ砂）の砂地が一面に広がる環境で、底から1～2mほど上の中層を泳ぐ。阿嘉島で観察した際にはテンス属の1種と泳いでいた。警戒心がひじょうに強く、ダイバーが近寄ることは難しい。驚くとすぐに砂の中に潜りこむ。ハワイ諸島とウェーク島に分布する。国内では、小笠原諸島の父島と琉球列島の石垣島・阿嘉島でのみ観察されているが、標本は得られていない。

A Photographic Guide to Wrasses of Japan

参考文献

『日本産魚類生態大図鑑』————————— 益田一／小林安雅
東海大学出版会

『日本の海水魚』————————————— 岡村 収／尼岡邦夫
山と渓谷社

『日本の海水魚』————————————— 吉野雄輔／瀬能宏
山と渓谷社

『えひめ愛南お魚図鑑』- 高木基裕／平田智法／平田しおり／中田親
創風社出版

『釣り人のための遊遊さかな大図鑑』——— 小西英人／中坊徹次
エンターブレイン

『Marine AQUARIST』—————————————
エムピージェー

『Fishes of Yaku-shima Island』- Hiroyuki Motomura／Keiichi Matsuura
国立科学博物館

『Labridae Fishes:Wrasses』————————— Rudie H. Kuiter
Aquatic Photographics

『Wrasses & Parrotfishes』————————— Scott W. Michael
Microcosm, Ltd. and T.F.H. Publications, Inc.

参考ホームページ

日本魚類学会
http://www.fish-isj.jp

神奈川県立 生命の星・地球博物館
http://nh.kanagawa-museum.jp

WEB魚図鑑
http://fishing-forum.org/zukan

FishBase
http://www.fishbase.org/search.php

撮影協力

AQUAS（松野和志・靖子）————————— 高知県・柏島
http://kashiwajima.jp/

伊豆大島ダイビングセンター（有馬啓人）——— 東京都・伊豆大島
http://izuohshima-diving.com/

URASHIMAN D・S OGASAWARA（森下修）— 東京都・小笠原
http://urashiman.com

OCEANUS（森山敦）———————————— 沖縄県・阿嘉島
http://www.oceanus.in

さかなや潜水サービス（高瀬歩）————— 静岡県・伊豆海洋公園
http://www.h7.dion.ne.jp/~dc.sss

潜水案内 Okinawa（津波古健）—————— 沖縄県・本島中部
http://sensuiannai.com/index.html

DIVE ESTIVANT（川本剛志）———————— 沖縄県・久米島
http://www7b.biglobe.ne.jp/~dive-estivant

ダイビングクラブ コンカラー（田中幸太郎）— 東京都・八丈島
http://www.concolor.biz

Dive man（内田武志）——————————— 沖縄県・石垣島
http://www.diveman.net

DIVE SERVICE YANO（矢野維幾）————— 沖縄県・西表島
http://www.dsyano.com

早川ダイビングサービス（生島敏行）———— 神奈川県・早川
http://www.h-ds.com

屋久島ダイビングサービス もりとうみ（原崎森）— 鹿児島県・屋久島
http://mori-umi.net

AQUARIUS DIVERS（白石拓己）——————————— セブ島
http://www.aqdceb.com/

水中風景写真提供

津波古健 Takeru Tsuhako

標本写真提供

鹿児島大学総合研究博物館

和名索引 Index

ア

アオスジオグロベラ　118
Pseudojuloides severnsi

アカオビベラ　104
Stethojulis bandanensis

アカササノハベラ　092
Pseudolabrus eoethinus

アカテンモチノウオ　244
Cheilinus chlorourus

アカニジベラ　156
Halichoeres margaritaceus

アカホシキツネベラ　042
Bodianus rubrisos

アデイトベラ　098
Suezichthys arquatus

アミトリキュウセン　164
Halichoeres leucurus

アムノラブルス属の1種　294
Ammolabrus dicrus

アヤタスキベラ　204
Hologymnosus rhodonotus

イ

イトヒキベラ　206
Cirrhilabrus temminckii

イトヒキベラ属の1種-1　208
Cirrhilabrus sp.1

イトヒキベラ属の1種-2　214
Cirrhilabrus lyukyuensis

イトヒキベラ属の1種-3　224
Cirrhilabrus sp.3

イトベラ　096
Suezichthys gracilis

イナズマベラ　158
Halichoeres nebulosus

イラ　014
Choerodon azurio

ウ

ウスバノドグロベラ　114
Macropharyngodon moyeri

オ

オオヒレテンスモドキ　270
Novaculoides macrolepidotus

オグロベラ　116
Pseudojuloides cerasinus

オトヒメベラ　122
Pseudojuloides elongates

オトメベラ　138
Thalassoma lunare

オニベラ　106
Stethojulis trilineata

オハグロベラ　086
Pteragogus aurigarius

オハグロベラ属の1種-1　088
Pteragogus enneacanthus

オハグロベラ属の1種-2　090
Pteragogus sp.2

オビテンスモドキ　286
Novaculichthys taeniourus

カ

カザリキュウセン　150
Halichoeres melanurus

カノコベラ　148
Halichoeres marginatus

カマスベラ　066
Cheilio inermis

カミナリベラ　100
Stethojulis terina

カンムリベラ　182
Coris aygula

キ

キスジキュウセン　170
Halichoeres hartzfeldii

ギチベラ　268
Epibulus insidiator

キツネダイ　040
Bodianus oxycephalus

キツネベラ　028
Bodianus bilunulatus

キヌベラ　130
Thalassoma purpureum

キュウセン　142
Halichoeres poecilopterus

ク

クギベラ　068
Gomphosus varius

クサビベラ　020
Choerodon anchorago

クジャクベラ　232
Paracheilinus carpenteri

クマドリキュウセン　162
Halichoeres argus

クラカケベラ　018
Choerodon jordani

クレナイイトヒキベラ　218
Cirrhilabrus katoi

クロフチススキベラ　058
Anampses melanurus

クロベラ　080
Labrichthys unilineatus

クロヘリイトヒキベラ　212
Cirrhilabrus cyanopleura

ケ

ケサガケベラ　034
Bodianus mesothorax

コ

コガシラベラ　140
Thalassoma amblycephalum

コガネキュウセン　146
Halichoeres chrysus

ゴシキイトヒキベラ　210
Cirrhilabrus katherinae

ゴシキキュウセン　166
Halichoeres richmondi

コブダイ　012
Semicossyphus reticulatus

シ

シチセンベラ　022
Choerodon fasciatus

シチセンムスメベラ　186
Coris batuensis

シマキツネベラ　048
Bodianus masudai

シマタレクチベラ　072
Hemigymnus fasciatus

シラタキベラ　194
Pseudocoris bleekeri

シラタキベラダマシ　192
Pseudocoris aurantiofasciata

シラタキベラダマシ属の1種　193
Pseudocoris ocellata

シロクラベラ　017
Choerodon shoenleinii

シロタスキベラ　200
Hologymnosus doliatus

ス

スジキツネベラ　043
Bodianus leucostictus

スジベラ　188
Coris dorsomacula

スミツキオグロベラ　120
Pseudojuloides mesostigma

スミツキカミナリベラ　108
Stethojulis maculata

スミツキソメワケベラ　079
Labroides pectoralis

スミツキベラ　032
Bodianus axillaris

セ

セイテンベラ　174
Halichoeres scapularis

セグロイトベラ　099
Suezichthys soelae

セジロノドグロベラ　112
Macropharyngodon negrosensis

セナスジベラ　136
Thalassoma hardwicke

ソ

ソメワケベラ　074
Labroides bicolor

タ

タキベラ　026
Bodianus perditio

タキベラ属の1種　050
Bodianus neopercularis

タコベラ　266
Oxycheilinus bimaculatus

タテヤマベラ　272
Cymolutes torquatus

タヌキベラ　044
Bodianus izuensis

タレクチベラ　070
Hemigymnus melapterus

ツ

ツキノワイトヒキベラ×イトヒキベラ属の1種-3の交雑個体?···222
? Cirrhilabrus lunatus × Cirrhilabrus sp. 3

ツキノワイトヒキベラ···220
Cirrhilabrus lunatus

ツキベラ···152
Halichoeres orientalis

ツユベラ···184
Coris gaimard

テ

テレラブルス属の1種···052
Terelabrus sp.

テンス···274
Iniistius dea

テンスモドキ···288
Xyrichtys sciistius

テンス属の1種···278
Iniistius celebicus

ト

トカラベラ···176
Halichoeres hortulanus

トモシビイトヒキベラ···228
Cirrhilabrus melanomarginatus

ナ

ナメラベラ···202
Hologymnosus annulatus

ニ

ニシキイトヒキベラ···230
Cirrhilabrus exquisitus

ニシキキュウセン···154
Halichoeres biocellatus

ニシキベラ···124
Thalassoma cupido

ニセモチノウオ···248
Pseudocheilinus hexataenia

ニューギニアベラ···064
Anampses neoguinaicus

ノ

ノドグロベラ···110
Macropharyngodon meleagris

ハ

ハゲヒラベラ···280
Iniistius aneitensis

ハコベラ···126
Thalassoma quinquevittatum

ハシナガベラ···234
Wetmorella nigropinnata

ハシナガベラ属の1種···236
Wetmorella albofasciata

ハナナガモチノウオ···260
Oxycheilinus celebicus

ハラスジベラ···102
Stethojulis strigiventer

バラヒラベラ···285
Iniistius verrens

ヒ

ヒオドシベラ···038
Bodianus anthioides

ヒトスジモチノウオ···258
Oxycheilinus unifasciatus

ヒノマルテンス···275
Iniistius twistii

ヒメニセモチノウオ···254
Pseudocheilinus evanidus

ヒラベラ···284
Iniistius pentadactylus

ヒレグロベラ···030
Bodianus loxozonus

フ

ブダイベラ···024
Pseudodax moluccanus

フタホシキツネベラ···046
Bodianus bimaculatus

ブチススキベラ···056
Anampses caeruleopunctatus

ヘ

ベニヒレイトヒキベラ···216
Cirrhilabrus rubrimarginatus

ホ

ホクトベラ···060
Anampses meleagrides

ホクロキュウセン···168
Halichoeres melasmapomus

ホシササノハベラ···094
Pseudolabrus sieboldi

ホシススキベラ···054
Anampses twistii

ホシテンス···276
Iniistius pavo

ホホスジモチノウオ···256
Oxycheilinus diagrammus

ホホスジモチノウオ属の1種-1···262
Oxycheilinus arenatus

ホホスジモチノウオ属の1種-2···263
Oxycheilinus orientalis

ホホスジモチノウオ属の1種-3···264
Oxycheilinus sp. 3

ホホスジモチノウオ属の1種-4···265
Oxycheilinus sp. 4

ホホワキュウセン···160
Halichoeres miniatus

ホンソメワケベラ···076
Labroides dimidiatus

ホンテンスモドキ属の1種-1···290
Xyrichtys halsteadi

ホンテンスモドキ属の1種-2···292
Xyrichtys sp. 2

ホンベラ···144
Halichoeres tenuispinis

マ

マイヒメベラ···123
Pseudojuloides atavai

マナベラ···082
Labropsis manabei

ミ

ミツバモチノウオ···242
Cheilinus trilobatus

ミツボシキュウセン···172
Halichoeres trimaculatus

ミツボシモチノウオ···246
Cheilinus oxycephalus

ミヤケベラ···084
Labropsis xanthonota

ム

ムシベラ···062
Anampses geographicus

ムスメベラ···190
Coris picta

ムナテンベラ···178
Halichoeres melanochir

ムナテンベラダマシ···180
Halichoeres prosopeion

メ

メガネモチノウオ···238
Cheilinus undulates

モ

モンツキベラ···036
Bodianus dictynna

モンヒラベラ···282
Iniistius melanopus

ヤ

ヤシャベラ···240
Cheilinus fasciatus

ヤスジニセモチノウオ···252
Pseudocheilinus octotaenia

ヤマシロベラ×シラタキベラの交雑個体?···198
? Pseudocoris yamashiroi × Pseudocoris bleekeri

ヤマシロベラ···196
Pseudocoris yamashiroi

ヤマブキベラ···134
Thalassoma lutescens

ヤリイトヒキベラ···226
Cirrhilabrus lanceolatus

ヤンセンニシキベラ···132
Thalassoma jansenii

ヨ

ヨコシマニセモチノウオ···251
Pseudocheilinus ocellatus

ヨスジニセモチノウオ···250
Pseudocheilinus tetrataenia

リ

リュウグウベラ···128
Thalassoma trilobatum

学名索引 Index

A

Ammolabrus dicrus ... 294
アムノラブルス属の1種
Anampses caeruleopunctatus ... 056
ブチススキベラ
Anampses geographicus ... 062
ムシベラ
Anampses melanurus ... 058
クロフチススキベラ
Anampses meleagrides ... 060
ホクトベラ
Anampses neoguinaicus ... 064
ニューギニアベラ
Anampses twistii ... 054
ホシススキベラ

B

Bodianus anthioides ... 038
ヒオドシベラ
Bodianus axillaris ... 032
スミツキベラ
Bodianus bilunulatus ... 028
キツネベラ
Bodianus bimaculatus ... 046
フタホシキツネベラ
Bodianus dictynna ... 036
モンツキベラ
Bodianus izuensis ... 044
タヌキベラ
Bodianus leucostictus ... 043
スジキツネベラ
Bodianus loxozonus ... 030
ヒレグロベラ
Bodianus masudai ... 048
シマキツネベラ
Bodianus mesothorax ... 034
ケサガケベラ
Bodianus neopercularis ... 050
タキベラ属の1種
Bodianus oxycephalus ... 040
キツネダイ
Bodianus perditio ... 026
タキベラ
Bodianus rubrisos ... 042
アカホシキツネベラ

C

Cheilinus chlorourus ... 244
アカテンモチノウオ
Cheilinus fasciatus ... 240
ヤシャベラ
Cheilinus oxycephalus ... 246
ミツボシモチノウオ
Cheilinus trilobatus ... 242
ミツバモチノウオ

Cheilinus undulates ... 238
メガネモチノウオ
Cheilio inermis ... 066
カマスベラ
Choerodon anchorago ... 020
クサビベラ
Choerodon azurio ... 014
イラ
Choerodon fasciatus ... 022
シチセンベラ
Choerodon jordani ... 018
クラカケベラ
Choerodon shoenleinii ... 017
シロクラベラ
Cirrhilabrus cyanopleura ... 212
クロヘリイトヒキベラ
Cirrhilabrus exquisitus ... 230
ニシキイトヒキベラ
Cirrhilabrus katherinae ... 210
ゴシキイトヒキベラ
Cirrhilabrus katoi ... 218
クレナイイトヒキベラ
Cirrhilabrus lanceolatus ... 226
ヤリイトヒキベラ
?*Cirrhilabrus lunatus* × *Cirrhilabrus sp. 3* ... 222
ツキノワイトヒキベラ×イトヒキベラ属の1種-3の交雑個体?
Cirrhilabrus lunatus ... 220
ツキノワイトヒキベラ
Cirrhilabrus lyukyuensis ... 214
イトヒキベラ属の1種-2
Cirrhilabrus melanomarginatus ... 228
トモシビイトヒキベラ
Cirrhilabrus rubrimarginatus ... 216
ベニヒレイトヒキベラ
Cirrhilabrus sp. 1 ... 208
イトヒキベラ属の1種-1
Cirrhilabrus sp. 3 ... 224
イトヒキベラ属の1種-3
Cirrhilabrus temminckii ... 206
イトヒキベラ
Coris aygula ... 182
カンムリベラ
Coris batuensis ... 186
シチセンムスメベラ
Coris dorsomacula ... 188
スジベラ
Coris gaimard ... 184
ツユベラ
Coris picta ... 190
ムスメベラ
Cymolutes torquatus ... 272
タテヤマベラ

E

Epibulus insidiator ... 268
ギチベラ

G

Gomphosus varius ... 068
クギベラ

H

Halichoeres argus ... 162
クマドリキュウセン
Halichoeres biocellatus ... 154
ニシキキュウセン
Halichoeres chrysus ... 146
コガネキュウセン
Halichoeres hartzfeldii ... 170
キスジキュウセン
Halichoeres hortulanus ... 176
トカラベラ
Halichoeres leucurus ... 164
アミトリキュウセン
Halichoeres margaritaceus ... 156
アカニジベラ
Halichoeres marginatus ... 148
カノコベラ
Halichoeres melanochir ... 178
ムナテンベラ
Halichoeres melanurus ... 150
カザリキュウセン
Halichoeres melasmapomus ... 168
ホクロキュウセン
Halichoeres miniatus ... 160
ホホワキュウセン
Halichoeres nebulosus ... 158
イナズマベラ
Halichoeres orientalis ... 152
ツキベラ
Halichoeres poecilopterus ... 142
キュウセン
Halichoeres prosopeion ... 180
ムナテンベラダマシ
Halichoeres richmondi ... 166
ゴシキキュウセン
Halichoeres scapularis ... 174
セイテンベラ
Halichoeres tenuispinis ... 144
ホンベラ
Halichoeres trimaculatus ... 172
ミツボシキュウセン
Hemigymnus fasciatus ... 072
シマタレクチベラ
Hemigymnus melapterus ... 070
タレクチベラ
Hologymnosus annulatus ... 202
ナメラベラ
Hologymnosus doliatus ... 200
シロタスキベラ
Hologymnosus rhodonotus ... 204
アヤタスキベラ

I

Iniistius aneitensis 280
ハゲヒラベラ
Iniistius celebicus 278
テンス属の1種
Iniistius dea 274
テンス
Iniistius melanopus 282
モンヒラベラ
Iniistius pavo 276
ホシテンス
Iniistius pentadactylus 284
ヒラベラ
Iniistius twistii 275
ヒノマルテンス
Iniistius verrens 285
バラヒラベラ

L

Labrichthys unilineatus 080
クロベラ
Labroides bicolor 074
ソメワケベラ
Labroides dimidiatus 076
ホンソメワケベラ
Labroides pectoralis 079
スミツキソメワケベラ
Labropsis manabei 082
マナベベラ
Labropsis xanthonota 084
ミヤケベラ

M

Macropharyngodon meleagris 110
ノドグロベラ
Macropharyngodon moyeri 114
ウスバノドグロベラ
Macropharyngodon negrosensis 112
セジロノドグロベラ

N

Novaculichthys taeniourus 286
オビテンスモドキ
Novaculoides macrolepidotus 270
オオヒレテンスモドキ

O

Oxycheilinus arenatus 262
ホホスジモチノウオ属の1種-1
Oxycheilinus bimaculatus 266
タコベラ
Oxycheilinus celebicus 260
ハナナガモチノウオ

Oxycheilinus diagrammus 256
ホホスジモチノウオ
Oxycheilinus orientalis 263
ホホスジモチノウオ属の1種-2
Oxycheilinus sp. 3 264
ホホスジモチノウオ属の1種-3
Oxycheilinus sp. 4 265
ホホスジモチノウオ属の1種-4
Oxycheilinus unifasciatus 258
ヒトスジモチノウオ

P

Paracheilinus carpenteri 232
クジャクベラ
Pseudocheilinus evanidus 254
ヒメニセモチノウオ
Pseudocheilinus hexataenia 248
ニセモチノウオ
Pseudocheilinus ocellatus 251
ヨコシマニセモチノウオ
Pseudocheilinus octotaenia 252
ヤスジニセモチノウオ
Pseudocheilinus tetrataenia 250
ヨスジニセモチノウオ
Pseudocoris aurantiofasciata 192
シラタキベラダマシ
Pseudocoris bleekeri 194
シラタキベラ
Pseudocoris ocellata 193
シラタキベラダマシ属の1種
?*Pseudocoris yamashiroi* × *Pseudocoris bleekeri* 198
ヤマシロベラ×シラタキベラの交雑個体?
Pseudocoris yamashiroi 196
ヤマシロベラ
Pseudodax moluccanus 024
ブダイベラ
Pseudojuloides atavai 123
マイヒメベラ
Pseudojuloides cerasinus 116
オグロベラ
Pseudojuloides elongates 122
オトヒメベラ
Pseudojuloides mesostigma 120
スミツキオグロベラ
Pseudojuloides severnsi 118
アオスジオグロベラ
Pseudolabrus eoethinus 092
アカササノハベラ
Pseudolabrus sieboldi 094
ホンササノハベラ
Pteragogus aurigarius 086
オハグロベラ
Pteragogus enneacanthus 088
オハグロベラ属の1種-1
Pteragogus sp. 2 090
オハグロベラ属の1種-2

S

Semicossyphus reticulatus 012
コブダイ
Stethojulis bandanensis 104
アカオビベラ
Stethojulis maculata 108
スミツキカミナリベラ
Stethojulis strigiventer 102
ハラスジベラ
Stethojulis terina 100
カミナリベラ
Stethojulis trilineata 106
オニベラ
Suezichthys arquatus 098
アデイトベラ
Suezichthys gracilis 096
イトベラ
Suezichthys soelae 099
セグロイトベラ

T

Terelabrus sp. 052
テレラブルス属の1種
Thalassoma amblycephalum 140
コガシラベラ
Thalassoma cupido 124
ニシキベラ
Thalassoma hardwicke 136
セナスジベラ
Thalassoma jansenii 132
ヤンセンニシキベラ
Thalassoma lunare 138
オトメベラ
Thalassoma lutescens 134
ヤマブキベラ
Thalassoma purpureum 130
キヌベラ
Thalassoma quinquevittatum 126
ハコベラ
Thalassoma trilobatum 128
リュウグウベラ

W

Wetmorella albofasciata 236
ハシナガベラ属の1種
Wetmorella nigropinnata 234
ハシナガベラ

X

Xyrichtys halsteadi 290
ホンテンスモドキ属の1種-1
Xyrichtys sciistius 288
テンスモドキ
Xyrichtys sp. 2 292
ホンテンスモドキ属の1種-2

301

おわりに

　小学生の頃から海や川が大好きで、物心がついた時には自宅に水槽がありカラフルな魚達が泳いでいた。父の影響もあり、釣りや飼育が好きで小学生の頃から熱帯魚を飼育し、現在も水槽が数台ある。水槽内で泳ぐタテジマキンチャクダイを眺め、「こんな色鮮やかな魚が本当に日本の海にいるのか？」と、一度自分の目で自然界に泳ぐタテジマキンチャクダイの姿を見たくてダイビングを体験する。色鮮やかな魚達が泳ぎ群れ、その感動から1995年ダイビングライセンスを取得した。その感動と楽しさは今でも忘れない。

　近年のデジタル化普及の波にのり、2002年デジタル一眼カメラに移行した。撮影器材も日々高性能化し、よりコンパクト、軽量、そして鮮明な画像が得られるようになった。またダイビング器材も進化し、より安全により深い潜水が可能になった。好条件が整うと同時に新しい被写体としてベラ科にレンズを向けるようになった。

　もともとイトヒキベラ属が好きだったのだが、より難易度の高いキュウセン属・ニシキベラ属への撮影に興味を持つ。ベラ科魚類は、一般ダイバーが限界潜水水域よりさらに深い水深や、潮が激しく流れる環境、太陽光がサンサンと入り込み、波の影響が伝わる1m未満の浅い水域まで幅広く生息し、行動範囲も広く素早く泳ぎまわる。ダイビング技術や撮影技術を問われるベラ撮影だが、ファインダー内にターゲットを納め、シャッターを切る。まるでシューティングゲームのようで楽しい。また、図鑑写真という撮影方法に興味を持ち、魅力を感じた。感性や表現などなく、一つの答えしかない究極の撮影だと思う。普通種をより美しく撮影することも楽しい。

　ベラ科を撮影する中で最も重要視しているのが、ダイビングと撮影を楽しみ、無理をしないことである。ベラ達は素早く泳ぎまわり、撮影が難しく、普通種で地味といったイメージが強いため、ダイバーからも軽視されがちな魚であるが、ダイビングと撮影において数点のテクニックを身につければ撮影も簡単なのだ。難易度が高い被写体をクリアーに写し出したその瞬間の喜びは大きく、至福の時だ。

　ベラ科魚類は、幼魚・若魚・成魚・老成魚、雄・雌と各ステージ、また婚姻色・威嚇色と色模様もバリエーション豊かで楽しめるのも魅力のひとつだ。この図鑑を通じ、今まで軽視されていたベラ達に魅力や興味、また普通種の美しさを感じていただけたら幸いである。

　この出版に際し、監修作業に携わって頂いた本村教授をはじめ、東方出版の今東社長、デザイナーの井原様、撮影協力して頂いた現地ガイド、スタッフ、友人、陰ながら撮影ツアーを支えてくれたすべての人たちの協力があって、この『日本のベラ大図鑑』を出版することができました。協力してくださった皆様に心より感謝いたします。

2012年3月16日

西山 一彦

Profile

[著者]

西山 一彦 *Kazuhiko Nishiyama*

1970年3月生まれ、神戸市在住。1990年、有限会社 新成警備保障設立。2010年、神戸市須磨区に本社ビルを建設し、150名の隊員を率いる代表取締役。1995年にダイビングライセンス、2000年にダイビングインストラクターの資格を取得。非常勤インストラクター、ガイドの後、2002年からベラ科中心の撮影を開始する。様々な分野への写真提供や、各種フォトコンテスト入賞の実績もある。今まで撮りためた国内外のベラ科の写真をブログ「〜Wrasses Vegas Japan〜」(http://wrasses2480.blog38.fc2.com/)にて紹介。日本にはベラ専門誌がなく、幼魚〜若魚のステージにおける同定が困難であることを経験し、自分用のベラ書を作成していたが、各方面の現地ガイドからの要望もあり、本書を執筆することになった。

[監修]

本村 浩之 *Hiroyuki Motomura*

1973年、静岡県生まれ。農学博士。国立科学博物館、オーストラリア博物館を経て現在、鹿児島大学総合研究博物館・副館長・教授。専門は魚類分類学。魚類の多様性を解明するために世界中を飛びまわる。これまでに出版した研究論文は200編、記載した新種は37種、標準和名を提唱した魚は32種。著書に『Threadfins of the world (family Polynemidae)』(国連食糧農業機関)、『Fishes of Australia's southern coast』(分担執筆、ニューホーランドプレス)、『Fishes of Yaku-shima Island』(国立科学博物館)、『Fishes of Terengganu』(トレンガヌ大学他)、『黒潮の魚たち』(分担執筆、東海大学出版会)などがある。

日本のベラ大図鑑
A Photographic Guide to Wrasses of Japan

2012年9月25日 発行　初版第1刷発行

著者————西山 一彦
監修————本村 浩之
発行者———今東 成人
発行所———東方出版 株式会社
　　　　　　〒543-0062 大阪市天王寺区逢阪2丁目3番2号
　　　　　　TEL.06-6779-9571　FAX.06-6779-9573
デザイン——井原 秀樹 (大倉靖博デザイン室)
印刷・製本——泰和印刷株式会社

©2012 Kazuhiko Nishiyama Printed in Japan
ISBN 978-4-86249-200-5 C0645

乱丁・落丁本はお取り換えいたします。

本書の写真・本文・図版等の無断転載・複製データ化はお断りします。